Gabriele Neimke · Marco Erlenbeck

Ökologisch wohnen, bauen und sanieren

Gabriele Neimke · Marco Erlenbeck

Ökologisch wohnen, bauen und sanieren

Für Eigentümer und Mieter

Mit Übersicht der Förderprogramme

In Zusammenarbeit mit

„Deutsches Energieberater-Netzwerk e.V.“

humboldt

Bibliografische Information der Deutschen Nationalbibliothek
Die Deutsche Nationalbibliothek verzeichnet diese Publikation in der Deutschen Nationalbibliografie; detaillierte bibliografische Daten sind im Internet über http://dnb.ddb.de abrufbar.

ISBN 978-3-89994-190-6

Die Autoren:

Marco Erlenbeck, Jahrgang 1972, Fachschulstudiengang zum „Staatlich geprüften Techniker mit Schwerpunkt erneuerbare Energien, ökologische Energienutzung und Energieberatung". Im Anschluss verantwortlich für Planung von Photovoltaik- und solarthermischen Anlagen sowie Regenwassernutzung. Als Energieberater ist er in der Energieagentur Rhein-Main in Frankfurt tätig. Seit 2005 unter dem Firmennamen „ER.GO Energiekonzepte für die Zukunft" selbstständiger Energieberater (siehe auch www.ergo-energiekonzepte. de). Als Energieberater gelistet bei der Kreditanstalt für Wiederaufbau (KfW), dem Bundesamt für Ausfuhrkontrolle (BAFA), der Deutschen Energieagentur (DENA e.V.), Mitglied im Deutschen Energieberaternetzwerk (DEN e.V.), Mitglied im Solar Förderverein, dem Bund der Energieverbraucher und beim BUND Deutschland, dazu unabhängiger Energieberater der Verbraucherzentrale Hessen.

Gabriele Neimke, Jahrgang 1961, hat nach dem der Studium der Politischen Wissenschaft und Mittleren und Neueren Geschichte an der Universität Heidelberg bei verschiednen Medien volontiert, u.a. bei ZDF, Südwestrundfunk, Mannheimer Morgen und Rheinpfalz. Themenschwerpunkte ihrer Arbeit sind Energieberatung, erneuerbare Energien, Nachhaltigkeit und Trends in der Gesundheitsbranche.

Autoren und Verlag bedanken sich bei Deutsches Energieberater-Netzwerk e.V., Frankfurt, für die freundliche Unterstützung. Internet: www.den-ev.de

Originalausgabe

Ein Imprint der Schlüterschen Verlagsgesellschaft mbH & Co. KG,
Hans-Böckler-Allee 7, 30173 Hannover
www.schluetersche.de
www.humboldt.de

Lektorat:	Eckhard Schwettmann
Covergestaltung:	DSP Zeitgeist GmbH, Ettlingen
Innengestaltung:	akuSatz Andrea Kunkel, Stuttgart
Titelfoto:	Getty
Satz:	PER Medien+Marketing GmbH, Braunschweig
Druck:	Grafisches Centrum Cuno GmbH & Co. KG, Calbe

Hergestellt in Deutschland.
Gedruckt auf Papier aus nachhaltiger Forstwirtschaft.

Inhalt

Vorwort

Liebe Leserinnen und Leser,

Ökologisch wohnen – das bedeutet nicht Verzicht, sondern Behaglichkeit und gutes Klima in den eigenen vier Wänden. Das kann man erreichen, wenn man das eigene Zuhause zukunftsfähig macht. Mit diesem Buch möchten wir alle Mieter, Vermieter, Hausbesitzer und Bauherren ermuntern, aktive Energieeinsparung zu betreiben, denn Energieeffizienz kostet auf die Dauer weniger, als sie einspart. Es geht also nicht um Verzicht und Einschränkung. Es geht vielmehr darum, Sie finanziell zu entlasten, den Wert des Hauses oder der Wohnung zu steigern und gleichzeitig die Umwelt zu schonen.

Alle, die ein Haus oder eine Wohnung besitzen oder die eine Immobilie erwerben wollen, finden in diesem Buch wertvolle Tipps rund um das Bauen und Wohnen. Sie erfahren, wie Sie Haus oder Wohnung fit machen für die Zukunft – vom Keller bis zum Dach. Was ist bei einem Neubau oder einer Sanierung gesetzlich vorgeschrieben? Was sollte gleich mit erledigt werden? Welche Maßnahmen werden finanziell gefördert? Wie schafft man ein behagliches Raumklima, spart Energie und sichert die Langlebigkeit der Immobilie? Besonders ausführlich wird das Thema „Dämmung“ behandelt. Manche Anregungen können Sie schon nächstes Wochenende umsetzen. Andere Maßnahmen, wie zum Beispiel die Anschaffung einer Photovoltaikanlage, bedürfen gründlicher Überlegung und Beratung. Dabei helfen Ihnen auch die Checklisten in den einzelnen Kapiteln.

Das Thema dieses Buches beschäftigt uns jeden Tag beruflich. Denn ich, Marco Erlenbeck, bin seit fast zehn Jahren als Energieberater tätig, unter anderem auch als unabhängiger Berater der Verbraucherzentrale

Hessen. Und ich, Gabriele Neimke, schreibe als PR-Beraterin mit Kunden aus dem Sektor erneuerbare Energien schon seit Jahren über diese spannende Materie. Darüber hinaus begleitet uns das ökologische Wohnen auch im Privatleben, denn als Paar arbeiten wir nicht nur gemeinsam an Projekten, sondern leben auch unter demselben, gut gedämmten Dach.

Wir wünschen Ihnen nun eine anregende Lektüre, neue Erkenntnisse, praktische Hilfestellung und viel Freude bei der Umsetzung der einen oder anderen Maßnahme.

Gabriele Neimke und Marco Erlenbeck

Einleitung – Deutschland hat unendlich viel Energie

Die gute Nachricht vorab: Deutschland hat unendlich viel Energie! Die schlechte Nachricht: Wir machen zu wenig daraus. Das muss aber nicht so bleiben.

Ein paar Daten und Fakten machen Deutschlands Rolle als Energieerzeuger deutlich: 2006 hat die Erneuerbare-Energie-Branche hierzulande Investitionen von 11,3 Milliarden Euro vorgenommen. Es wurden über 240 000 Arbeitsplätze geschaffen. Die Umsätze aus dem Anlagebetrieb aller regenerativen Energien – Wind, Wasser, Sonne, Biomasse und Erdwärme – lagen bei 10,3 Milliarden Euro, davon wurden sechs Milliarden durch den Export erwirtschaftet.[1] Der Wissenschaftliche Beirat der Bundesregierung für Globale Umweltveränderungen (WBGU) schätzt, dass mit deutlich weitergehenden Maßnahmen der Anteil der erneuerbaren Energie am Weltenergieverbrauch bis 2050 auf 50 Prozent erhöht werden kann.[2]

Trotz dieser erfreulichen Ausgangslage ist Deutschland nach wie vor von Energieimporten abhängig. Wir importieren zu 100 Prozent Uran, zu 96 Prozent Erdöl, zu 84 Prozent Erdgas und zu 61 Prozent Steinkohle. Dafür gaben wir 2006 rund 64 Milliarden Euro aus.[3] Noch vor zwei Jahren hatte das Hamburger Weltwirtschaftsinstitut (HWWI) für

---

1 daten + fakten, deutschland hat unendlich viel energie, Informationskampagne für Erneuerbare Energien, herausgegeben: Berlin, Juli 2007

2 Energieversorgung für Deutschland, Statusbericht für den Energiegipfel der Bundesregierung am 3. April 2006, S. 6

3 daten + fakten, deutschland hat unendlich viel energie, s.o.

das Jahr 2030 einen Ölpreis von 100 bis 120 US Dollar pro Barrel prognostiziert, die Internationale Energieagentur lag mit ihrer Schätzung bei rund 138 US Dollar und damit genauso daneben. Schon heute zahlen wir für einen Barrel mehr als 130 US Dollar (Stand Juni 2008), Tendenz steigend.

Diese volkswirtschaftlichen Zahlen haben Folgen für jeden von uns, nicht zuletzt für unser Bankkonto. Wir möchten mit diesem Buch nicht zum Kampf gegen CO_2 und zur Rettung der Welt aufrufen, auch wenn dies lohnenswert wäre. Das überlassen wir Menschen, die dazu berufen sind. Vielmehr möchten wir Ihnen zeigen, wie Sie mit einfachen Mitteln Ihre privaten Energiekosten zu Hause senken können. 1960 lag der jährliche Heizölverbrauch eines durchschnittlichen Einfamilienhauses zwischen 30 und 40 Liter Heizöl pro Quadratmeter Wohnfläche. Heute gibt es Passivhäuser, die 1,5 Liter Heizöl pro Quadratmeter verbrauchen. Plusenergiehäuser produzieren mehr Energie, als sie benötigen. Das sind Entwicklungen, die positiv stimmen.

Das zukunftsfähige Haus steht schon

... und zwar in Freiburg. Es trägt den Namen Heliotrop®, und es kann sich drehen. Dieses Gebäude, das der Freiburger Architekt Rolf Disch für sich selbst gebaut hat, ist komplett autark. Das Heliotrop® wird in Modulbauweise vorgefertigt, was neben der Passgenauigkeit eine schnelle Realisation ermöglicht. Als nachwachsender und umweltverträglicher Rohstoff ist Holz das wichtigste Baumaterial des Solarhauses. Um die 14 Meter hohe, tragende Zentralsäule, die die Elektroinstallationen und die Wendeltreppe aufnimmt, windet sich eine Skelettkonstruktion aus Fichten-Brettschichtholz.

Das Heliotrop von außen.

Während der Heizperiode dreht sich das Haus mit der Glasfassade der Sonne entgegen. Bei großer Hitze kann es aus der Sonne gedreht werden. Alle Räume werden durch die Sonne beheizt. Der verbleibende Wärme- und Heizenergiebedarf wird von Vakuumröhrenkollektoren in den Brüstungselementen und einem Erdwärmetauscher bereitgestellt. Zur Wärmespeicherung ist der Einsatz thermischer Pufferspeicher nach Bedarf möglich. Die kontrollierte Wohnungslüftung funktioniert im Sommer wie eine Klimaanlage. Die Photovoltaikanlage produziert bis zu sechsmal mehr Strom, als das Haus selbst verbraucht. Das Haus erreicht mit all seinen energetischen Finessen den Plusenergiehausstandard.

Das Passivhaus

Für Neubauten sind Passivhäuser technischer Standard, was nicht heißt, dass jedes neu gebaute Haus auf diesem neuesten Stand sein muss. Leider hinken viele Bauträger und Architekten ihrer Zeit hinterher. 1990 wurde in Darmstadt das erste Passivhaus errichtet. Deutschlandweit sind heute über 2 000 Wohneinheiten auf diesem energetisch attraktiven Stand. Auch Schulen, Produktionsstätten und Bürogebäude gibt es als Passivhäuser. Das Charakteristikum dieser Bauweise ist, dass solch ein Gebäude in der Regel ohne traditionelles Heizsystem errichtet wird.

Wie aber soll es in so einem Haus kuschelig warm werden? Es klingt unglaublich, ist aber wahr: durch die Sonne, die Wärmerückgewin-

Passivhaus in kompakter Bauweise.

nung aus der Raumluft, die Wärme der Bewohner und die Restwärme, die Lampen und Elektrogeräte abgeben. Darüber hinaus werden alle Wärmeverluste durch optimale Dämmung stark minimiert. Ein Gebäude ist dann ein Passivhaus, wenn sein jährlicher Heizwärmebedarf (Nutz-Energie nur zur Raumerwärmung) unter 15 kWh pro Quadratmeter und Jahr liegt.[4]

Die Behauptung, man dürfe in einem Passivhaus nicht lüften, ist schlichtweg falsch. Natürlich „darf" gelüftet werden. Doch die Qualität der Raumluft ist so gut, dass es nicht nötig ist. Die Bewohner gewöhnen sich schnell an den Komfort, im Winter nicht mehr über die Fenster lüften zu müssen. Die Lüftungsanlage macht es möglich. Ein angenehmer Nebeneffekt ist der größere Lärmschutz gegenüber herkömmlichen Häusern.

---

4 Ratgeber energiesparendes Bauen, Thomas Königstein, Verlag: Eberhard Blottner, Tanusstein, 2004, S. 101

© Rolf Disch

Das Plusenergiehaus® von Rolf Disch.

Folgende Punkte sollten bei der Planung eines Passivhauses berücksichtigt werden:

Außenbauteile	Passive Solarenergienutzung
Spezielle Fenster	Heizenergie aus Sonne und Abwärme
Luftdichte Bauweise	Warmwasser durch Sonnenkollektoren
Lüftungsanlage	Integrale Planung

Das Niedrigenergiehaus

Vorab sei gesagt: Das **eine** Niedrigenergiehaus gibt es nicht. Soll heißen: Es handelt sich hier nicht um einen geschützten Begriff. Normen und Definitionen, die allgemein verbindlich wären, gibt es nicht. Aber selbstverständlich gelten einige Kriterien, auf die man sich in Deutschland geeinigt hat. Grundsätzlich hat ein Niedrigenergiehaus keine bestimmte Bauform oder Bauweise; vielmehr ist ein Verbrauchsstandard gemeint. Als Bezugsgröße wird im Allgemeinen der jährliche Heizwärmebedarf, bezogen auf einen Quadratmeter, gewählt. Ein Niedrigenergiehaus braucht für die Raumheizung etwa 30–70 kWh pro Quadratmeter und pro Jahr. Das entspricht drei bis sieben Litern Heizöl.

Jeder Neubau, der die Energieeinsparverordnung (EnEV) – siehe Seite 167 – einhält, ist ein „Niedrigenergiehaus". Der Begriff stammt aus der Zeit der Wärmeschutzverordnung (WSVO 1984 bis 1995). Nach dieser Verordnung wurden die Energieverluste über die Bauteile und die Lüftung sowie die nutzbare interne und passiven-solaren Wärmegewinnung bilanziert. Bei der EnEV dagegen geht der bisher vorgeschriebene Nachweis des Heizwärmebedarfs darüber hinaus. Zusätzlich wird die Berechnung des Jahres-Heizenergiebedarfs und der dafür benötigten Primärenergie verlangt. Damit spielen heute die Auswahl des Energieträgers und die Effizienz der Heizungsanlage eine entscheidende Rolle. Die Bundesregierung plant, ab 2009 den Energieverbrauch der Beleuchtung mit in die Gesamtbilanz des Hauses einzubeziehen.

Mehrfamilienhaus in Darmstadt, auf Niedrigenergiestandard gebracht.

Am Anfang steht die Energieberatung

Die Kupplung Ihres Autos ist defekt – Sie lassen Ihr Fahrzeug in die Werkstatt bringen. Sie haben Zahnschmerzen – Sie gehen zum Zahnarzt. Die Anforderungen an die Steuererklärung sind Ihnen zu kompliziert – Sie geben die Unterlagen Ihrem Steuerberater. Was aber tun Sie, wenn Ihre Heizkosten zu hoch sind? Sie ärgern sich, drehen die Regler runter? Auch bei diesem Problem sollten Sie sich an einen Fachmann wenden. Der ideale Ratgeber bei allen energetischen Fragestellungen ist der Energieberater. Auf den Internetseiten der Kreditanstalt für Wiederaufbau (KfW), des Bundesamtes für Wirtschaft und Ausfuhrkontrolle (BAFA) und des Deutschen Energieberater Netzwerkes e.V. sind qualifizierte und kompetente Energieberater gelistet.

Kurz gesagt erstellt der Energieberater eine komplette energetische Bilanz der Immobilie. Für Haus- und Wohnungseigentümer, die durch Modernisierungsmaßnahmen und eventuell auch durch Verhaltensänderung ihre Energiekosten senken und dadurch die Immobilie aufwerten möchten, ist er der wichtigste Partner bei der Planung. Deshalb sollte dieser Fachmann eingeschaltet werden, bevor irgendeine Maßnahme ergriffen wird oder Finanzierungsfragen mit der Bank besprochen werden. Mit ihm naht die Stunde der Wahrheit.

Vom Bundesamt für Wirtschaft und Ausfuhrkontrolle (BAFA) mit 300 bis 410 Euro gefördert wird unter anderem die sogenannte Energieberatung vor Ort. Wird diese mit Thermografieaufnahmen ergänzt, kann die Förderung um weitere 100 Euro erhöht werden. Der Eigenanteil, den Sie selbst erbringen müssen, hängt ganz vom Gebäude ab. Bei Preisen unter 600 Euro Eigenanteil für Ein- und Zweifamilienhäuser müssen Sie mit deutlichen Abstrichen bei der Genauigkeit, der Anschaulichkeit und der Qualität im Allgemeinen rechnen. Das erstellte Energieberatungsgutachten beinhaltet alle Aspekte der Einsparung und der energetischen Modernisierung, auch erneuerbare Energien werden berücksichtigt. Aus diesem Grund ist es wichtig, alle Unterlagen, die existieren (Baupläne, Schornsteinfegerprotokolle, Heizkostenabrechnungen, Informationen über bereits durchgeführte Modernisierungen), zur Verfügung zu stellen.

Energie einsparen, aber wo?

Diese Frage wird Ihnen der Energieberater eindeutig beantworten. Die Zustandsanalyse eines Hauses beginnt zum Beispiel mit der Begutachtung der Außenfassade. Abhängig vom Alter des Hauses sind ungedämmte Wände für rund 20 bis 40 Prozent der Wärmeverluste verantwortlich.

Weiter geht es im Keller. Hier wird nachgesehen, ob und wie stark die Kellerdecke und die Heizungsrohre gedämmt sind. Eine ungedämmte Kellerdecke macht die darüber liegenden Räume fußkalt. Im Keller kommt auch die Stunde der Wahrheit für den Heizungskessel.

Anmerkung: Der Schornsteinfeger misst den Abgasverlust und erstellt ein Schornsteinfegerprotokoll. Dies ist bei fast allen älteren Heizungsanlagen zurzeit so vorgeschrieben. Nicht selten attestiert der Schornsteinfeger jedoch die Unbedenklichkeit des Heizungskessels: „Hat noch gute Werte, steht da wie neu." Dafür gibt es einen einfachen Grund. Setzt ein Hausbesitzer auf zukunftsfähige Technologien, wie zum Beispiel die Solaranlage zur Heizungsunterstützung oder den Einbau einer Wärmepumpe, wird die Messung durch einen Schornsteinfeger überflüssig. Dies ist durch die Bundesimmissionsschutzverordnung (BImSchV) so geregelt. Eine Neufassung ist allerdings in Arbeit, wonach auch solche Systeme durch den Schornsteinfeger überprüft werden sollen.

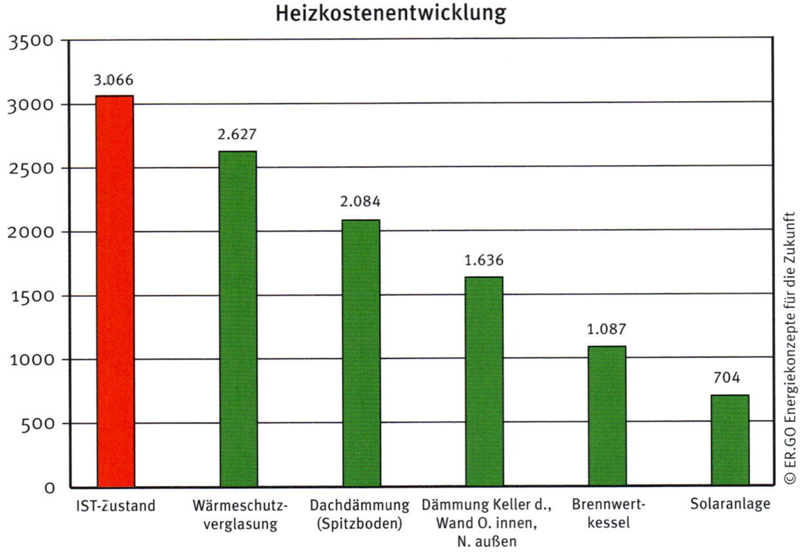

Berechnete Energieeinsparung im Rahmen einer Energieberatung.

Jeder einzelne Raum, ob bewohnt oder unbewohnt, wird inspiziert: Fenster, Rollladenkästen, Heizkörper, Heizungsregelung – alles. Es wäre doch schade, wenn ein Teil der Wärme, die eine effiziente Heizungsanlage erzeugt, durch die Rollladenkästen wieder verloren ginge. Viel Wärme entweicht durch den ungedämmten Dachboden nach draußen. All diese Schwachstellen lassen sich zusätzlich zum Energieberatungsgutachten durch Thermografieaufnahmen und Blower-Door-Messungen (siehe S. 27) hervorragend sichtbar machen. Mancher Hausbesitzer war hellauf entsetzt, als er diese Untersuchungsergebnisse vor Augen hatte.

Kurzgefasst besteht eine Vor-Ort-Beratung aus drei Phasen:

1. Der Ist-Zustand des Gebäudes bzw. der Wohnung wird an Ort und Stelle erfasst, insbesondere der bautechnischen und -physikalischen sowie heizungstechnischen Gegebenheiten.
2. Ein umfassender schriftlicher Beratungsbericht wird erstellt.
3. Die aufgezeigten Maßnahmen zur Energie- und Heizkosten-Ersparnis werden mit dem Eigentümer mündlich erörtert.

Ein qualifizierter Energieberater kann noch mehr, als einen umfassenden Energieberatungsbericht zu erstellen. Ein wichtiger Teil seiner Leistung besteht in der Beratung über Fördermittel, Darlehen und Zuschüsse. In Deutschland gibt es zurzeit über 4 000 Bundes-, Landes- und kommunale Förderungen, die energetische Sanierung und Modernisierung attraktiv machen. Auch wer neu baut und sich dabei zum Beispiel für regenerative Energien entscheidet, kann Anspruch auf Förderung haben.

Klassifizierung der Häuser

Je nach Baujahr des Hauses gibt es zeittypische Schwachstellen. Wir nehmen hier vier Klassifizierungen vor, die für Deutschland repräsentativ sind.

Baujahre bis 1920 weisen energetische Schwachstellen in folgenden Bereichen auf:

- Entweder gar keine oder ungedämmte Bodenplatte
- Ungedämmte Hausfassade
- Ungedämmte Kellerdecken
- Ungedämmte oberste Geschossdecke
- Ungedämmter Dachstuhl
- Zahlreiche Wärmebrücken
- Einfachverglasung
- Ungedämmte Rollladenkästen
- Veraltete Heizungsöfen oder Brenneranlagen
- Ungedämmte Heizwasserleitungen
- Veraltete Heizkörper
- Veraltete Warmwasserbereiter und Kesselanlagen
- Ungedämmte Warmwasserleitungen

Häuser aus den 1920er bis 1950er Jahren weisen folgende energetische Schwächen auf:

- Entweder gar keine oder ungedämmte Bodenplatte
- Ungedämmte Hausfassade
- Ungedämmte Kellerdecken
- Ungedämmte oberste Geschossdecke
- Ungedämmter Dachstuhl
- Zahlreiche Wärmebrücken
- Einfachverglasung
- Ungedämmte Heizwasserleitungen
- Veraltete Heizkörper
- Veraltete Warmwasserbereiter und Kesselanlagen
- Ungedämmte Warmwasserleitungen

Bauten aus den 1960er und 1970er Jahren haben folgende energetische Schwachstellen:

- Ungedämmte Bodenplatte
- Ungedämmte Hausfassade
- Ungedämmte Kellerdecken
- Ungedämmte oberste Geschossdecke
- Ungedämmter Dachstuhl
- Zahlreiche Wärmebrücken
- Veraltete Isolierverglasung und Glasbausteine
- Ungedämmte Heizwasserleitungen
- Veraltete Heizkörper
- Veraltete Warmwasserbereiter
- Ungedämmte Warmwasserleitungen

Baujahre ab 1980 weisen nachfolgende Mängel auf:

- Unzureichend gedämmte Bodenplatte
- Ungedämmte oder nach heutigen Maßstäben unzureichend gedämmte Fassade
- Unzureichend gedämmte Kellerdecken
- Unzureichend gedämmte oberste Geschossdecke
- Ungedämmter oder nach heutigen Maßstäben unzureichend gedämmter Dachstuhl
- Mitunter Wärmebrücken
- Isolierverglasung
- Teilweise ungedämmte Rollladenkästen
- Veraltete Brenneranlagen, Warmwasserbereitung und Kesselanlagen
- Teilweise ungedämmte Heizwasserleitungen
- Ungedämmte Warmwasserleitungen[5]

---

[5] Gebäude modernisieren – Energie sparen, Verbraucher-Zentrale Nordrhein-Westfalen e.V., 2007, S. 67ff.

Wie Energieberatung funktioniert

Wärmebildaufnahmen machen Mängel sichtbar

Ob Energie vergeudet wird, zeigt sich spätestens bei der Nebenkostenabrechnung. Oftmals ist mit bloßem Auge nicht zu erkennen, wohin die Heizungswärme verschwindet. Doch mit Hilfe einer Wärmebild-Kamera (Thermografiekamera) werden die Energieverluste eines Hauses sichtbar gemacht. Baufehler und schlechte Wärmedämmung kommen zum Vorschein. Während der kalten Jahreszeit entweicht durch das Heizen der Häuser und Wohnungen konstant Wärme von innen nach außen. Im Bereich der sogenannten Wärmebrücken tritt mehr Wärme aus, die Oberfläche wird wärmer als an anderen Stellen. Diese Mängel werden durch die Thermografieaufnahme sichtbar.

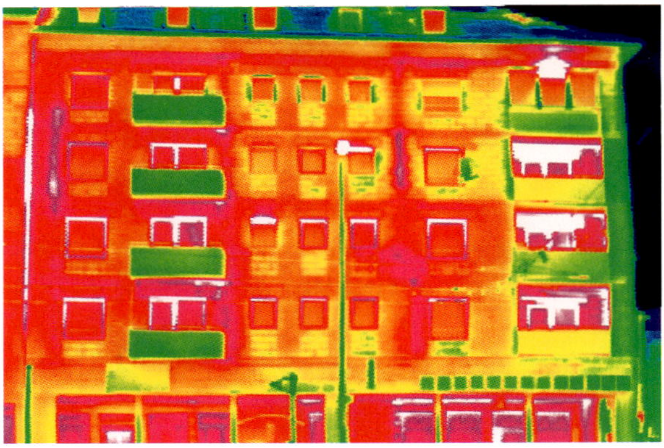

Thermogramm: Deutsches Energieberater Netzwerk e.V.

Diese Thermografieaufnahme zeigt nahezu die gesamte Bandbreite von energetischen Schwachstellen der Gebäudehülle. Der weiße Bereich entspricht den höchsten Oberflächentemperaturen, Rot bis Orange bedeutet hohe Wärmeverluste, von Grün über Blau bis Schwarz nehmen die gemessenen Oberflächentemperaturen weiter ab: Zu sehen sind ungedämmte Steigleitungsstränge mit hoher Wärmeabstrahlung, Fenster und Fensterrahmen mit hohen Oberflächentemperaturen, ungedämmtes Mauerwerk mit Heizkörpernischen und mangelhafte Dämmung der Dachschrägen mit undichtem Anschluss zum Nachbargebäude.

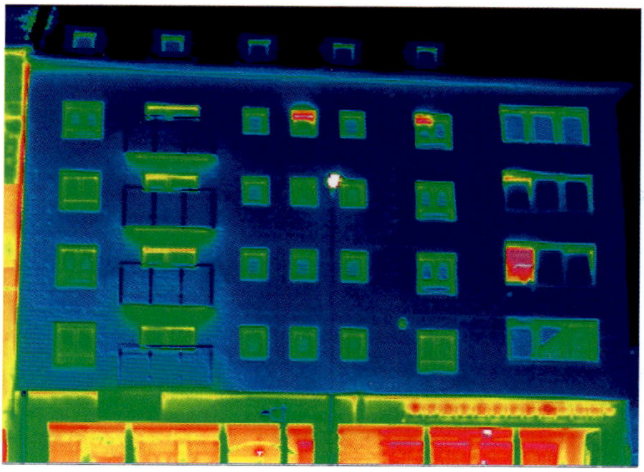

Thermogramm: Deutsches Energieberater Netzwerk e.V.

Die Kontrolle der Modernisierungsmaßnahmen mit Hilfe der Thermografie belegt eindrucksvoll deren Nutzen. In den oberen Geschossen konnten alle Schwachstellen beseitigt werden. Wärmeverluste und Energieverbrauch wurden weitgehend reduziert. Die drei roten Bereiche werden durch gekippte Fenster verursacht. Folgende Maßnahmen wurden realisiert: Dämmung der Fassade, Erneuerung der Fenster und Dämmung der Dachschrägen.

Wärmebrücken müssen nicht sein

Die Heizung läuft auf Hochtouren, und trotzdem will sich keine wohlige Wärme einstellen? Das kann an Wärmebrücken liegen. Wo sie sich exakt befinden, zeigen Wärmebildaufnahmen ganz genau (siehe oben). Im Bereich der Fenster (Fensterlaibung, Fenstersturz), aber auch über die Rollladenkästen oder über die Balkonplatten entweicht bei ungedämmten Häusern die Wärme nach draußen. Sind bei Dachschrägen große Leckagen vorhanden, deckt die Thermografie diese Mängel schonungslos auf.

Entscheidend bei der Thermografie eines Hauses sind natürlich die Bilder. Mindestens ebenso wichtig ist allerdings die fachkundige Interpretation der Aufnahmen, denn „bunte Bilder" allein zeigen einem Hausbesitzer noch nicht die Lösung. Ein qualifizierter Energieberater erstellt einen sogenannten Thermografiebericht, der dem Eigentümer klarmacht, wo die Schwächen liegen, wie er sie beheben lassen kann, und welche konkreten Wärmeschutzmaßnahmen erforderlich sind.

Die Thermografie wird auch eingesetzt, wenn zum Beispiel Undichtigkeiten bei Wasserleitungen, bei der Fußboden- oder der Wandheizung vermutet werden. Sie ist auch eine gute Methode, festzustellen, ob Dämmmaßnahmen ordnungsgemäß durchgeführt wurden. Seit Mai 2008 werden diese Thermografieaufnahmen durch das BAFA finanziell gefördert. Von den rund 350 Euro, die sechs Aufnahmen und der Bericht im Schnitt kosten, werden 150 Euro gefördert. Ihr Eigenanteil liegt damit bei rund 200 Euro.

Qualifizierte Thermografen, die mit hochwertigen Kameras arbeiten – eine Kamera kostet zwischen 15.000 und 50.000 Euro –, finden Sie wieder auf der Website des BAFA und dem deutschen Energieberater Netzwerk e.V. Ausdrücklich warnen wollen wir vor Billig-Thermografieangeboten einiger Energieversorgungsunternehmen. Aufnahmen und Berichte unter 150 Euro liefern in der Regel nur wenig brauchbare Informationen aufgrund der fehlenden Bildinterpretationen.

Der Blower-Door-Test schafft Klarheit

Bei Neubauten und kurz nach dem Fertigstellen der luftdichten Gebäudehülle im Rahmen einer Modernisierung (Einbau neuer Fenster oder Dachdämmung) sollte die Qualität der Ausführung durch eine Luftdichtigkeitsmessung (Blower-Door-Messung) überprüft werden. Bei dieser Messung wird mit einem Ventilator eine Druckdifferenz zwischen innen und außen aufgebaut. Das Ergebnis dieser Untersuchung zeigt alle Schwachstellen und Undichtigkeiten der Gebäudehülle. Handwerkliche Fehler können nur auf diese Weise rechtzeitig korrigiert werden.

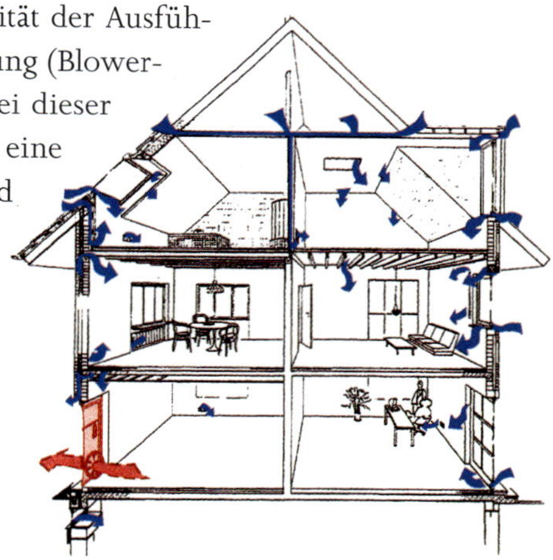

Dieser Gebäude-Checkup bewahrt Hausbesitzer vor Bauschäden und jahrzehntelangem Ärger über hohe Energiekosten. Bei unsachgemäßer Außen- oder Dachdämmung können durch Tauwasser Feuchteschäden auftreten. Das passiert, wenn warme Innenluft durch Ritzen und Fugen in die kälteren Bereiche der Konstruktion gelangen. Gerade bei Holzbauteilen, zum Beispiel dem Dach, kann dies passieren. Die besten Dämmmaßnahmen nützen nichts, wenn sie nicht fachgerecht ausgeführt wurden. Wenn möglich sollte der Test vor dem Innenausbau durchgeführt werden. In der kalten Jahreszeit kann er sehr gut durch Thermografieaufnahmen ergänzt werden.

Gute Gründe für Wind- und Luftdichtigkeit[6]

- Vermeidung von Bauschäden
- Vermeidung von Zugluft
- Reduzierung der Heizkosten
- Voraussetzung für optimalen Betrieb von Lüftungsanlagen
- Verbesserung des Schallschutzes
- Schutz vor Stoffeintrag (Schimmel, Mineralfaser)
- Schutz vor Geruchsbelastungen
- Vermindert Austrocknen der Raumluft und Staubbelastung während der Heizperiode

Für den Test wird ein in der Größe variabler Spannrahmen aus Metall oder Holz, der mit Spezialfolie überzogen ist, in die Öffnung einer Eingangs- oder Balkontür luftdicht eingebaut. In den Rahmen ist ein regulierbarer Ventilator eingesetzt. Im Gebäude, in dem alle Fenster und Außentüren geschlossen sind, wird sowohl Unter- als auch Überdruck erzeugt. Zur Lokalisierung der undichten Stellen wird farbiger Rauch oder Nebel oder die Thermografie verwendet. Diese Untersuchung dauert je nach Gebäudegröße etwa drei bis fünf Stunden. Durchführen sollte die Messung ein erfahrener Energieberater, Architekt oder Bauleiter. Je nach Aufwand belaufen sich die Kosten auf etwa 600 Euro.

Typische Schwachpunkte, die durch Blower-Door aufgedeckt werden, sind:

- Heizungs- und Wasserrohre
- Schornstein, Antennenmast

---

6 Blower-Door-Messung, Leitfaden „Gebäudedichtigkeits-Prüfung“ für Bauherren und Planer, hessenENERGIE, Juli 2002

Blower-Door-Messung.

- Installationsschächte
- Rollladenkästen
- Rollladengurtdurchführungen
- Zu- und Abluftrohre der Lüftungsanlage
- Kanallüftungsrohre
- Einbauspülkästen
- Lichtauslässe
- Kamine
- Übergänge von Fenster und Fensterbank zur Wand oder zum Dach
- Fußboden-Wandanschlüsse
- Anbindung der Dampfsperren an Mauerwerk
- Fehlende Dichtungen an Spitzbodenluke, Abseiten- und Kellertüren

Der Energieausweis

Nach langem Tauziehen aller betroffenen Interessenvertreter ist der Energieausweis endlich da. Seit Juli 2008 ist er für Gebäude, die 1965 oder früher fertig gestellt wurden, Pflicht. Für alle Häuser, die nach 1965 errichtet wurden, gilt die Ausweispflicht ab 1. Januar 2009. Dieses Papier wird allerdings nur dann benötigt, wenn eine Wohnung oder ein Haus neu vermietet oder verkauft wird.

In der EnEV 2007 ist die Form des Ausweises exakt festgelegt. Er umfasst vier Seiten und enthält allgemeine Angaben zur Immobilie, Kennwerte für Energiebedarf oder Kennwerte für den Energieverbrauch inklusive Vergleichswerten verschiedener Baustandards, die erläutert werden. Im Anhang findet der Immobilienbesitzer Maßnahmen, die dazu beitragen, den energetischen Standard des Gebäudes zu verbessern.

ENERGIEAUSWEIS für Wohngebäude
gemäß den §§ 16 ff. Energieeinsparverordnung (EnEV)

Gültig bis: 21.06.2018

Gebäude

Gebäudetyp	Einfamilienhaus
Adresse	Wilhelm-Muster-Straße 7, 99991 Beispielhausen
Gebäudeteil	
Baujahr Gebäude	1931
Baujahr Anlagentechnik	1987
Anzahl Wohnungen	1
Gebäudenutzfläche (A_N)	102 m²

Hinweise zu den Angaben über die energetische Qualität des Gebäudes

Hinweise zur Verwendung des Energieausweises

Aussteller

Marco Erlenbeck
ER.GO Energiekonzepte für die Zukunft
Auf dem Niederberg 25
61118 Bad Vilbel

21.06.2008

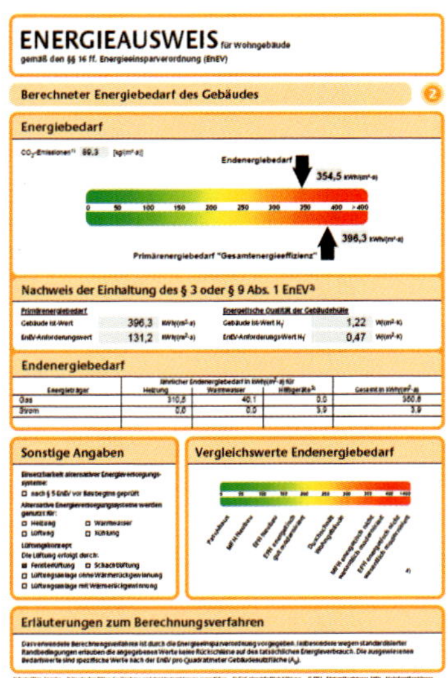

ENERGIEAUSWEIS für Wohngebäude
gemäß den §§ 16 ff. Energieeinsparverordnung (EnEV)

Berechneter Energiebedarf des Gebäudes

Energiebedarf

Nachweis der Einhaltung des § 3 oder § 9 Abs. 1 EnEV

Gebäude Ist-Wert	396,3	Gebäude Ist-Wert H_T'	1,22
EnEV-Anforderungswert	131,2	EnEV-Anforderungswert H_T'	0,47

Endenergiebedarf

Energieträger	Heizung	Warmwasser	Hilfsgeräte	Gesamt
Gas	310,8	40,1	0,0	350,8
Strom	0,0	0,0	3,8	3,8

Sonstige Angaben

Vergleichswerte Endenergiebedarf

Erläuterungen zum Berechnungsverfahren

Zwei Varianten – eine richtige Entscheidung

Es gibt zwei unterschiedliche Varianten des Energieausweises. Beim **Bedarfsausweis** werden die Energiebedarfskennwerte (für End- und Primärenergie) rechnerisch auf der Grundlage von Baujahr, Bauunterlagen, technischen Haus- und Heizungsdaten und unter Annahme standardisierter Randbedingungen berechnet. Diese Randbedingungen sind z. B.: Klimadaten, Lüftungsverhalten, Raumtemperatur u. a.

Die Vorteile dieses Ausweises liegen klar auf der Hand: Die Kennzahlen beziehen sich auf die baulichen und technischen Gegebenheiten und nicht auf das Nutzverhalten der Bewohner; die Modernisierungvorschläge stehen im direkten Zusammenhang mit der Bausubstanz. Die Qualität des Bedarfsausweises steht und fällt mit der Genauigkeit der Datenerfassung. Die Qualifikation und die Erfahrung des Ausstellers sind aber mindestens ebenso wichtig. So ein Bedarfsausweis ist selten unter 300 Euro zu haben.

Ausstellungsberechtigt sind laut EnEV:

- Techniker
- Ingenieure
- Architekten
- Schornsteinfeger
- Handwerker
  aus einem zugelassenen Berufsbereich und mit erfolgreich absolvierter Zusatzqualifikation

Beliebt, weil billig, ist bei vielen Immobilienbesitzern der **Verbrauchsausweis**. Die Anbieter dieses Dokuments unterbieten sich gerade auch im Internet. Manchmal ist man schon mit Euro 9,99 dabei. Bekanntlich ist, was nichts kostet, meist auch nichts wert. Der Energieverbrauchskennwert (für Endenergie) wird rechnerisch auf der Grundlage von Heiz- und Warmwasserkosten nach der Heizkostenverordnung oder anderer geeigneter Verbrauchsdaten auf einen deutschlandweiten Mittelwert umgerechnet. Die Nachteile dieses Verbrauchsausweises: Zum einen sind die Kennwerte abhängig vom individuellen Heiz- und Wohnverhalten der Bewohner; zum anderen sind die Modernisierungsempfehlungen allgemeiner Art. Die Aussagekraft dieses Ausweises ist – wie die Kosten meist auch – gering.[7]

Für alle Immobilienbesitzer bestand bis zum 1. Oktober 2008 Wahlfreiheit. Nach diesem Stichtag gilt dies nur noch:

- für Wohngebäude mit mehr als vier Wohneinheiten, unabhängig vom Baujahr;
- für Wohngebäude mit bis zu vier Wohneinheiten, für die der Bauantrag **nach** dem 1. November 1977 gestellt worden ist.

Für Wohngebäude mit bis zu vier Wohneinheiten, für die ein Bauantrag **vor** dem 1. November 1977 gestellt worden ist, müssen ab 1. Oktober 2008 Bedarfsausweise erstellt werden. Eine Ausnahme gilt für Wohngebäude aus dieser Zeit, die entweder schon bei der Baufertigstellung den energetischen Standard der ersten Wärmeschutzverordnung vom 11. August 1977 aufwiesen oder durch Modernisierungsmaßnahmen auf diesen Stand gebracht wurden. In diesen Fällen besteht ebenfalls Wahlfreiheit.[8]

---

7 Der Energieausweis: Steckbrief für Wohngebäude, Verbraucherzentrale Nordrhein-Westfalen, Website 2007

8 ebenda

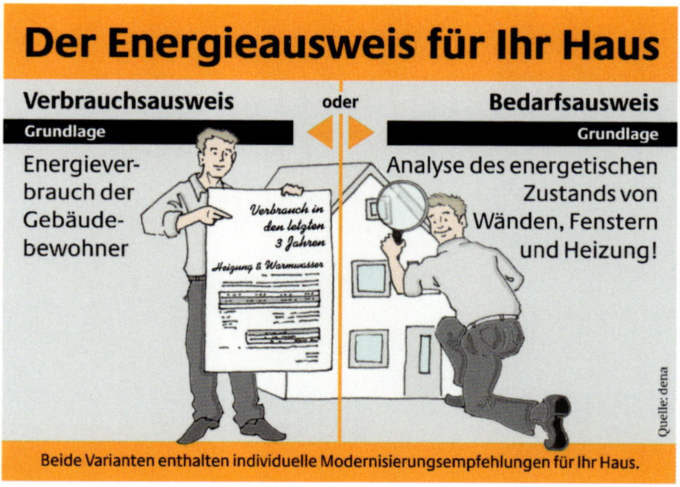

Der Energieausweis, der zehn Jahre gültig ist (ab Ausstellungsdatum), wird für ein komplettes Gebäude erstellt und nicht für einzelne Wohneinheiten. Das bedeutet natürlich, dass einzelne Wohnungen stark vom Durchschnittswert abweichen können. In Eigentümergemeinschaften haben die Besitzer einer einzelnen Wohnung bei deren Verkauf oder Vermietung einen Anspruch auf rechtzeitige Erstellung des Ausweises. Die Eigentümergemeinschaft muss die Kosten tragen.

Folgende Informationen sind für die Ausweiserstellung nötig:

Wohngebäude			
Benötigte Unterlagen und Angaben	**Verbrauchsausweis**	**Bedarfsausweis**	**Energieberatung**
Gebäudetyp: EFH/MFH	x	x	x
Adresse	x	x	x
Gebäudebaujahr	x	x	x
Anzahl der Wohneinheiten	x	x	x
Baujahr der Anlagentechnik	x	x	x
Wohnflächenberechnung bzw. Angabe der tatsächlich Wohnfläche	x	x	x
Heizkostenabrechung der letzten drei Jahre (Heizung und zentrale Warmwasserbereitung)	x		x
Angaben über Leerstände	x		
Baupläne: Grundrisse/Ansichten/Schnitte		x	x
Baubeschreibung		x	x
Schornsteinfegerprotokoll		x	x
Daten zur Heizungsanlage und zur Warmwasserbereitung		x	x
Angaben über nachträglich gedämmte Gebäudeteile: Flächen, Dämmstoffstärken, Materialien		x	x
Unterlagen über verbesserte Heiztechnik, z.B. Einbau einer Solaranlage		x	x
Aktuelle Fotos aller Hausseiten u.a. für Titelseite	x	x	x

© ER.GO Energiekonzepte für die Zukunft, Bad Vilbel

Vom Keller bis zum Dach – alles ist möglich

„In diesen Zeiten wird deutlicher als bisher, wie sehr unser Land auf eine sichere, wirtschaftliche und umweltverträgliche Energieversorgung angewiesen ist. Die weltweit schnell wachsende Energienachfrage führt zu steigenden Energie- und Strompreisen. Diese belasten die Privathaushalte und machen vor allem energieintensiven Unternehmen im weltweiten Wettbewerb zu schaffen. Deutschland ist in hohem Maße von Energieimporten abhängig, Öl und Gas beziehen wir aus wenigen – politisch teilweise instabilen – Förderregionen. Der weltweit wachsende Energieverbrauch führt auch zu einer Zunahme der Emissionen von Treibhausgasen ... Der weltweite Energieverbrauch liegt gegenwärtig fast doppelt so hoch wie zu Beginn der 70er Jahre. Die wichtigsten Energieträger sind heute Öl (34 Prozent), Kohle (24 Prozent) und Gas (21 Prozent). Die erneuerbaren Energien decken 14 Prozent und die Kernenergie sieben Prozent des globalen Energieverbrauchs ... Nach Schätzung der Internationalen Energieagentur (IEA) steigt der globale Energiebedarf bis 2020 um ein Drittel, wenn keine wirksamen Gegenmaßnahmen ergriffen werden ... In Deutschland liegt heute der Energieverbrauch um 4,5 Prozent unter dem Wert von 1990. Der Energieverbrauch hat sich damit in unserem Land weitgehend vom Wirtschaftswachstum entkoppelt ... Die Abhängigkeit der deutschen Energieversorgung von Importen ist im Zeitablauf ständig gestiegen.“[9]

---

9 Energieversorgung für Deutschland, Statusbericht für den Energiegipfel am 3. April 2006, Bundesministerium für Wirtschaft und Technologie und Bundesministerium für Umwelt, Naturschutz und Reaktorsicherheit, Berlin, März 2006, S.1 ff.

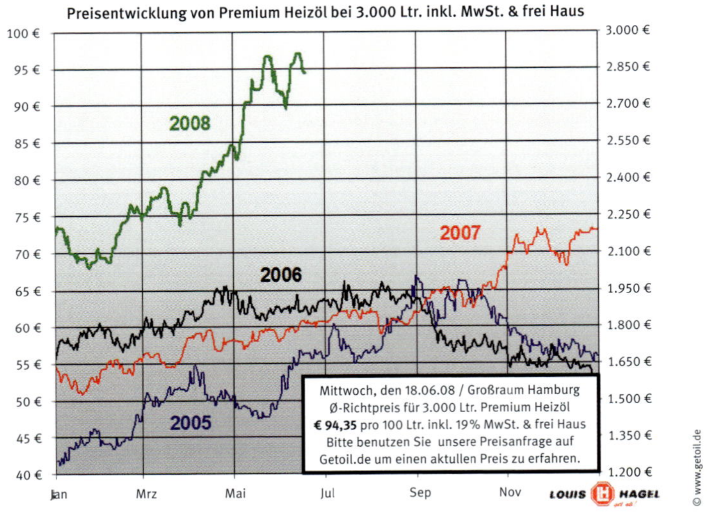

Man muss kein „Öko" oder Umweltaktivist sein, um zu sehen, dass ein „Weiter-so" keine Zukunft haben wird. Für uns nicht und schon gar nicht für die nachfolgenden Generationen. Doch jeder von uns kann handeln. Glücklicherweise gibt es bei den erneuerbaren Energien keine zeitlich und keine mengenmäßig begrenzten Ressourcen. Doch nach wie vor liegen erhebliche Potenziale zur Erhöhung der Stromeffizienz brach.

In den vergangenen zwölf bis 15 Jahren sind die Kosten, ohne Inflationsbereinigung, für Windstromanlagen um über ein Drittel, die Kosten für Photovoltaik-Anlagen um über 60 Prozent und die Kosten für die Solarthermie-Anlagen um rund 50 Prozent gesunken. Dies liegt an der Kostenstruktur der erneuerbaren Energie. Die Herstellung dieser Anlagen, nicht deren Betrieb, verursacht Kosten. Aufgrund technischer Entwicklungen und Innovationen sowie des Beginns der Massenproduktion sind diese Kosten gesunken.

EEG-Mindestvergütungssätze 2004–2008 gemäß der Fassung vom Juli 2004

EEG-Vergütungssätze für Strom aus erneuerbaren Energien – Photovoltaik				
Photovoltaik (Neuanlagen) (§ 11 EEG)				
Inbetriebnahme	bis einschl. 30 kW	ab 30 kW	ab 100 kW	Freiflächen und sonst. Anlagen (ohne Leistungsbeschränkung)
	in ct/kWh			
2004	57,40	54,60	54,00	45,70
2005	54,53	51,87	51,30	43,42
2006	51,80	49,28	48,74	40,60
2007	49,21	46,82	46,30	37,96
2008	46,75	44,48	43,99	35,49
Bonus für Fassadenanlagen: +5 ct/kWh				

© Internationales Wirtschaftsforum Regenerative Energien (IWR)

Die Heizung ist das Herzstück

Wohlige Wärme und heißes Wasser gehören zum Wohnkomfort. Mit moderner Heizungstechnik wird Wärme preiswert und umweltfreundlich erzeugt. Eine neue Heizungsanlage braucht bis zu 40 Prozent weniger Brennstoff als alte „Energiefresser". Natürlich sollte nicht gewartet werden, bis die alte Heizung defekt ist und ein schneller „Notkauf" getätigt werden muss. Heizkessel geben vor allem im Winter gerne auf (wir sprechen aus Erfahrung). Warten Sie deshalb nicht, bis es draußen kalt wird.

Nach spätestens 20 Jahren Betriebsdauer rechnet sich eine Neuanschaffung. In Deutschland stehen rund eine halbe Millionen antike Heizkessel in den Kellern. Solange der Schornsteinfeger keine Beanstandungen hat, sehen viele Besitzer keine Notwendigkeit, diese Oldtimer auszutauschen. Das aber kostet Geld und belastet das Klima. Der TAG Fachplaner, Magazin für die technische Gebäudeausrüstung, hat in einem Feldversuch mehr als 500 Heizungs-Checks durchgeführt. Hier das Ergebnis:

- 40 % aller Heizkessel sind überdimensioniert.
- 97 % aller Heizkessel sind keine Brennwertkessel.
- 23 % aller Heizkessel haben keine zeitgemäße Regelung.
- 90 % aller Anlagen haben keinen hydraulischen Abgleich.
- 89 % aller Pumpen verbrauchen viel zu viel Strom.
- 90 % der Rohrleitungen sind nicht oder zu wenig gedämmt.

An dieser Stelle eine Anmerkung zum Schornsteinfeger-Protokoll: Dieses Dokument ist kein „Freifahrt-Schein", denn über die Gesamteffizienz der Technik trifft der Schornsteinfeger keine Aussage. Seine Bescheinigung enthält die Ergebnisse der jährlichen Messung nach der „Verordnung über Kleinfeuerungsanlagen (1. Bundesimmissionsschutzverordnung) in der geänderten Fassung vom 7. August 1996. Danach dürfen Heizkessel mit einer Leistung von 4–25 kW nur noch 11 statt 12 Prozent Abgasverluste haben, bei Wärmeerzeugern bis 50 kW liegt die neue Grenze bei 10 statt bisher 11 Prozent.

Die Bescheinigung des Schornsteinfegers sagt aus, wie gut die Verbrennung ist und wie viel Wärme der Heizkessel mit den Abgasen unmittelbar in den Kamin abgibt. Eine Rußzahl größer als null bedeutet, dass sich unverbrannter Kohlenstoff in den Rauchgasen befindet. Die Verbrennung ist nicht vollständig, es kann sich giftiges Kohlenmonoxid bilden. Eine Rußschicht auf den Heizflächen des Kessels behindert den Übergang der Wärme vom heißen Rauchgas zum Heizwasser. Die Folge ist eine erhöhte Abgastemperatur. So erhöht sich durch eine Rußschicht von 2 Millimetern Stärke die Abgastemperatur um rund 110 Grad Celsius. Das entspricht einem um 5,5 Prozent höheren Brennstoffverbrauch.

Ein weiterer Parameter, den der Schornsteinfeger ermittelt, ist der Abgasverlust, der auf Grund der Abgastemperatur ermittelt wird. Ein hoher Abgasverlust lässt Rückschlüsse auf die Verbrennung zu. Verbrennungsluft geht gut erwärmt und ungenutzt nach draußen durch den Kamin. Bei einem Verbrauch von 5 000 Litern Heizöl bedeutet zum Beispiel ein 12-prozentiger Abgasverlust, dass die Wärmeenergie von 600(!) Litern mit den Abgasen durch den Kamin abzieht.

Typische Daten eines Schornsteinfegerprotokolls bei einem Einfamilienhaus	
Wichtige Daten	Kesselalter 17 Jahre
Nennwärmeleistung	29 kW
Überdimensionierung	Wenn Verbrauch in kWh geteilt durch kW kleiner 1 800 h ergibt.
Hohe Verluste bei Gas	Abgastemperaturen >120 °C
Hohe Verluste bei Heizöl	Abgastemperaturen >150 °C
Hohe Verluste Heizungssystem	Verbrennungsluft >17 °C

Anschrift des Bez.-Schornsteinfegermeisters

Anschrift des Betreibers

Kettenhofweg
60325 Frankfurt/M.

19.08.2008 ◀ **Tag der Messung**

- [ ] Messung gemäß § 14 Abs.1
- [x] wiederkehrende Messung § 15
- [ ] Wiederholungsmessung § 14 Abs.4
- [ ] Messung auf Anordnung

- [x] für den Betreiber
- [ ] für die Behörde
- [ ] für den Bez.-Schornsteinfegermeister
- [ ]

Aufstellungsort der Anlage
(nur ausfüllen, wenn nicht mit der Anschrift des Betreibers übereinstimmend)

Gebäudeteil:

Bescheinigung über das Ergebnis der Messung an einer Feuerungsanlage für flüssige oder gasförmige Brennstoffe gemäß §§ 14, 15 der Ersten Verordnung zur Durchführung des Bundes-Immissionsschutzgesetzes (Verordnung über Kleinfeuerungsanlagen - 1. BImSchV).

Wärmetauscher
Hersteller: Buderus – Typ/Baujahr: LOG.32/W71 1969 – Nennwärmeleistung in kW: 92,70

Brenner
Hersteller: OERTLI – Typ/Baujahr: OE-2 1984

- [ ] ohne Gebläse
- [x] mit Gebläse
- [ ] Verdampfungsbrenner

Leistungsbereich: [x] in kg/h (Ölbrenner) [ ] in kW (Gasbrenner) von 3,70 bis 9,40 – Leistung bei Messung (nur bei modulierenden oder mehrstufigen Brennern):

Brennstoff
- [x] Heizöl EL
- [ ] Erdgas
- [ ] Flüssiggas Flüssiggas-Luft-Gemische
- [ ] Stadtgas
- [ ] Sonstiger Brennstoff gemäß § 3

Art der Anlage
- [ ] Heizung
- [x] Heizung mit Brauchwasser
- [ ] Brauchwasseranlage
- [ ] Lufterhitzer
- [ ] Feuerstätte anderer Art

Meßergebnis

Rußzahl 1: 3 – 2: 3 – 3: 3 – Mittelwert: 3

Ölderivate: [ ] ja [x] nein

Abgasverlust in % (ohne Toleranz): 13

Wärmeträgertemperatur in °C	75,0
Verbrennungslufttemperatur in °C	22,0
Abgastemperatur in °C	223,0
[x] Sauerstoff [ ] Kohlendioxid – Volumengehalt in %	9,2
Druckdifferenz in hPa	-0,16

Das Meßergebnis **entspricht** der Verordnung [ ]

Das Meßergebnis **entspricht nicht** der Verordnung [x]

weil:
- [x] Abgasverlust über 9 %
- [x] Rußzahl über 2
- [ ] Ölderivate im Abgas

Bemerkungen:
Der Abgasverlust darf nicht mehr als 9 % betragen

19.08.2008,
Datum Unterschrift

Zutreffendes bitte ankreuzen bzw. Werte einsetzen

Ergibt eine Messung, daß die Anlage den Anforderungen der Verordnung nicht entspricht, so ist der Betreiber verpflichtet, die notwendigen Verbesserungsmaßnahmen an der Anlage zu treffen.
Die Messung ist innerhalb von **sechs Wochen** zu wiederholen. Geben Sie mir bitte Nachricht, sobald die Wiederholungsmessung erfolgen kann.

Typische Daten eines Schornsteinfegerprotokolls bei einem Einfamilienhaus.

Seit dem 1. November 2004 sind sowohl bei Altanlagen als auch bei Neuanlagen die nachfolgenden Abgasverlust-Grenzwerte einzuhalten:

Nennwärmeleistung	**Grenzwerte für die Abgasverluste**
über 4 bis 25 kW	11 %
über 25 kW bis 50 kW	10 %
über 50 kW	9 %

Anhand des Schornsteinfegerprotokolls lässt sich leicht überprüfen, ob Ihr Heizkessel die Anforderungen der 1. Verordnung des Bundesimmissionsschutzgesetzes noch erfüllt. Neben den allgemeinen Informationen über den Heizkessel findet sich auch der Abgasverlust, der für die Beurteilung maßgebend ist.

Leider steht auf der Bescheinigung nichts über die zusätzlichen Wärmeverluste durch die Abstrahl- und Bereitstellungsverluste des Heizkessels, die je nach Baualtersklasse bis zu 10 Prozent des Gebäudewärmebedarfes ausmachen. Sie können damit durchaus höher liegen als die Abgasverluste.

Heizungsanlagen in Kombination mit Solaranlagen zur Warmwasserbereitung und Heizungsunterstützung unterliegen nach der Bundesimmissionsschutzverordnung nicht einer wiederkehrenden Überwachungspflicht (Messung des Abgasverlustes). Dies spart die Kosten für den Schornsteinfeger. Je nach Energieträger muss dann nur noch gekehrt werden. Bei Gas entfällt auch dies ganz. Zurzeit wird an der Novellierung der Verordnung gearbeitet. Sollte sie Gesetz werden, werden Kontrollen durch den Schornsteinfeger wieder für alle Heizungsanlagen zur Pflicht.

Bevor eine neue Heizung angeschafft wird, sollte man sich erst über die Eigenschaften der Heizung im Klaren sein:

- Jährlicher Brennstoffverbrauch
- Alter des Kessels, des Brenners oder der Therme
- Qualität der Verbrennung
- Abgasverluste
- Betriebsbereitschaftsverluste
- Dimensionierung des Kessels
- Regelung
- Wärmedämmung der Verteilerleitungen im Keller
- Warmwasserbereitung

Der Brennstoffverbrauch ist abhängig von vielen Faktoren. Hier die wichtigsten:

- Art des Gebäudes (zum Beispiel Einfamilien- oder Mehrfamilienhaus)
- Bauweise und Wärmedämmung des Hauses
- Alter und Zustand der Heizungsanlage
- Nutzerverhalten
- Klimatische Lage des Hauses
- Einstellung der Heizkurve

Einen sehr großen Einfluss hat das Nutzerverhalten. Leider ist dieser Aspekt am schwierigsten zu beurteilen. Zum besseren Überblick sollten die Angaben zum Brennstoffverbrauch der letzten fünf Jahre zusammengestellt werden.

Jedem Zimmer sein Ventil

Wichtig ist, dass nicht nur die Heizungsanlage zentral, sondern die Temperatur in jedem einzelnen Raum geregelt werden kann. Die Energieeinsparverordnung schreibt übrigens diese Einzelregelung vor. Dazu gehören Thermostatventile, die die Temperatur konstant halten. Zu unterscheiden sind dabei die zeitlich programmierbaren und die nicht programmierbaren Thermostatventile. Beide Versionen können helfen, Energie einzusparen, ohne auf Komfort verzichten zu müssen.

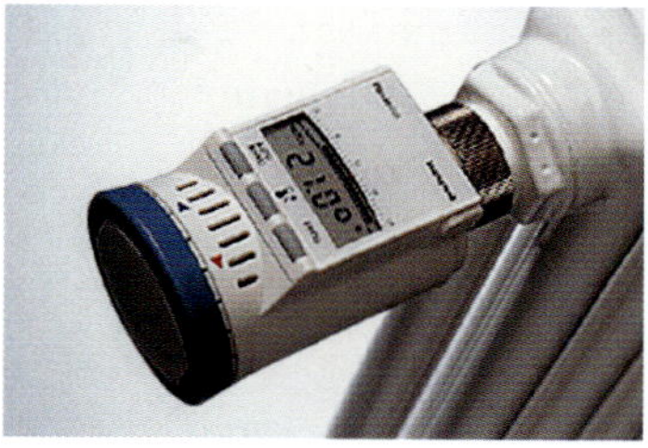

© Rondosat, Honeywell

Sind Ihre Thermostatventile älter als 20 Jahre, ist der Austausch sinnvoll, denn neue Modelle regeln die Raumtemperatur genauer. Sie registrieren bereits Abweichungen von einem Grad Celsius. Beim Austausch ist außerdem zu beachten, dass der Unterteil des Thermostatkopfes, welcher in den Heizkörper eingeschraubt ist, auch zum Thermostatkopf passt. Fragen Sie daher lieber bei Ihrem Heizungsbauer nach. Wichtig ist, dass die Räume tagsüber nicht bis auf 14 °C abkühlen, wenn ein paar Stunden später bereits wieder 20 °C gefordert sind. Das „überschlagene" Heizen auf 16–17°C spart dann mehr Energie. Nur bei längerer Abwesenheit, z. B. im Winterurlaub, sollten die Thermostate auf Frostschutz gestellt werden.

Schon am Heizkessel lassen sich unterschiedliche Tages- und Nachttemperaturen programmieren. Wenn zusätzlich die Thermostate in selten genutzten Räumen oder bei längerer Abwesenheit gedrosselt werden, lässt sich nochmals Energie sparen. Vor allem bei größeren Wohnungen mit vielen Heizkörpern kann die manuelle Reglung aufwendig werden. Programmierbare Thermostate sorgen dort für Komfort. Sie können ganz individuell, für jeden Tag anders, eingestellt werden.

Stiftung Warentest hat 2008 sieben programmierbare Thermostate zu Preisen zwischen 30 und 120 Euro sowie vier herkömmliche, nicht programmierbare, die 8 bis 17 Euro kosten, untersucht. An dieser Stelle möchten wir Ihnen kurz die jeweils drei am besten bewerteten Produkte vorstellen (nachzulesen bei Stiftung Warentest, Sonderheft Energie, 2008). Bei den Produkten, die programmierbar sind, schneiden ELV FHT 80B Set (rund 95 Euro) und das baugleiche Model von Conrad (rund 104 Euro) am besten ab, auf Platz drei liegt Honeywell Rondosat (rund 40 Euro). Wer keine Heizprofile programmieren möchte, ist mit Danfoss RAW 5110 zu rund 15,50 Euro, Heimeier Thermolux K (rund 13,30 Euro) oder Oventrop Uni XH für rund 8,50 Euro gut beraten.

Einsparmöglichkeiten durch neue Stromsparpumpen

In Deutschland gibt es laut Statistischem Bundesamt 22 Millionen Zentralheizungen, acht Millionen davon in Häusern mit einer und zwei Wohneinheiten. Diese werden fast ausschließlich mit Umwälzpumpen der bisherigen Technologie betrieben. Diese Pumpen halten den Heizkreislauf in Gang.

Durch neue Stromsparpumpen ergeben sich riesige Einsparmöglichkeiten. Bei einem Einfamilienhaus benötigt die Heizungspumpe schnell mal ein Fünftel des gesamten Strombedarfs. Der Dauerbetrieb von Kühlschrank und Gefriergerät ist billiger. Einen Blick in den Heizungskeller und die dort aktive Pumpe zu werfen lohnt sich auf jeden Fall.

Bei einer angenommenen Verringerung des Leistungsbedarfs um 50 Watt je Heizanlage ließen sich im Laufe der Zeit 1100 Mega-Watt an Kraftwerks-Leistung einsparen. Ein größeres Kernkraftwerk oder zwei Kohlekraftwerke mit einer Leistung von je 550 Mega-Watt könnten hierdurch vom Netz genommen werden.

Stromverbrauch innerhalb einer Heizperiode bei unterschiedlichen Laufzeiten			
Pumpen-Laufzeit von Anfang September bis Ende Mai	140-Watt-Pumpe	65-Watt-Pumpe	7-Watt-Pumpe
Durchgehend in Betrieb (ca. 6500 Std.)	917 kWh	425 kWh	46 kWh
Nachts ztw. zwischen 21 und 5 Uhr abgeschaltet (ca. 5300 Std.)	740 kWh	345 kWh	37 kWh
Mit „Pumpen-Stop-Schaltung“ (ca. 3300 Std.)	460 kWh	215 kWh	23 kWh

Es gibt drei Typen von Heizungspumpen: ungeregelte, elektronisch geregelte und seit dem Jahr 2000 auch hocheffiziente Pumpen. Die Unterschiede bei Stromverbrauch und Kosten sind enorm.

Während eine ungeregelte Pumpe pro Jahr etwa 100 Euro Kosten verursacht, sind es bei einem hocheffizienten Modell nur etwa 18 Euro. Diese Zahlen beziehen sich auf die aktuellen Strompreise. Wenn man davon ausgeht, dass sich Strom zukünftig weiter verteuern wird, er-

Stromverbrauch und Kosten unterschiedlicher Heizungspumpen

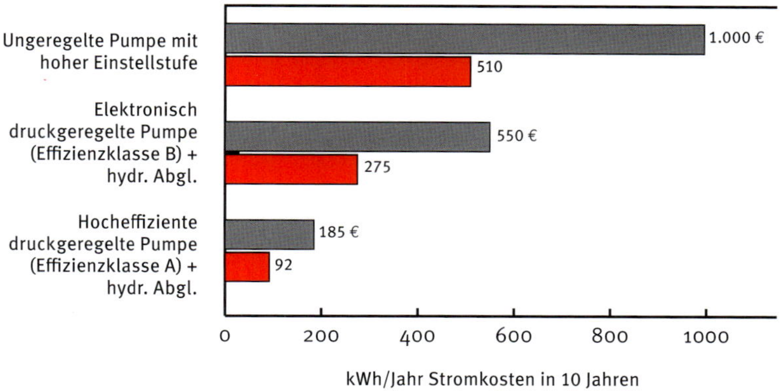

höht sich dadurch selbstverständlich die Einsparung. Neben dem Austausch der Heizungspumpe sollte das Heizungssystem noch in anderen Punkten optimiert werden. Nur so ist garantiert, dass ganzjährig die Wärme im Haus gleichmäßig und energiesparend verteilt wird. Hierzu lesen Sie bitte auch das folgende Kapitel über den hydraulischen Abgleich.

Unterschiedliche Heizsysteme haben unterschiedliche Arten der Pumpensteuerung. Heizkessel, die auf dem Boden stehen, besitzen normalerweise eine externe Pumpe. Sie wird entweder manuell oder über die Heizungsregelung im Sommerbetrieb weitgehend ab- und im Winterbetrieb wieder eingeschaltet. Bei automatischer Ansteuerung der Heizungspumpe über eine Außentemperaturregelung laufen diese Pumpen jährlich rund 6 100 Stunden (Heizgrenztemperatur 15 Grad, ab dieser Außentemperatur beginnt der Heizbetrieb).[10]

Wir empfehlen, beim Austausch der Heizungspumpe eine geregelte Hocheffizienzpumpe zu wählen. Die Stromersparnis liegt bei etwa 70 Prozent. Und weil die Ventile beim Einsatz einer geregelten Pumpe keinen überschüssigen Druck aufbauen müssen, werden die Geräusche stark reduziert.

Stiftung Warentest hat Heizungspumpen getestet.[11] Bei den geregelten Hocheffizienzpumpen haben drei Geräte mit „sehr gut“ abgeschnitten: Gundfos Alpha pro für 375 Euro, Wilo Stratos Eco für 314 Euro und Biral Typ A 12-1 zu 470 Euro.

10 Stromverbrauch und Kosten reduzieren mit modernen Heizungspumpen, Energiereferat Stadt Frankfurt/Main et al, Juni 2000, S. 12ff

11 Stiftung Warentest, Sonderheft Energie, Berlin, Juni 2008, S. 78ff.

Wenn Sie eine mehrstufige Heizungspumpe haben, die immer mit höchster Drehzahl läuft, können Sie diese versuchsweise auf eine kleinere Stufe stellen. Das spart Strom. Sollte es Ihnen zu kalt sein, stellen Sie einfach eine höhere Stufe ein. Der Unterschied zwischen dem Betrieb auf der größten und der kleinsten Stufe kann im Jahr leicht 50 bis 100 Euro ausmachen.

Alles dreht sich um den hydraulischen Abgleich

Manchmal muss man nur ein wenig am „Rädchen" drehen, um bemerkenswerte Veränderungen zu erreichen. Das gilt auch für den hydraulischen Abgleich. Er ist wirkungsvoll, doch kaum einer kennt ihn. Das gilt leider auch manchmal für Fachleute. Fragen Sie Ihren Heizungsbauer, wie viele hydraulische Abgleiche er schon mit welchem Einsparpotenzial für die Kunden durchgeführt hat, und lassen Sie sich Referenzen geben. Wenn Sie dieses Kapitel gelesen haben, können Sie auch durch qualifiziertes Nachfragen ermitteln, wie „fit" Ihr Handwerker ist. Und mit etwas handwerklichem Geschick können Sie sogar schon manche Verbesserung selbst vornehmen.

„Hydraulik" ist die „Lehre von den fließenden Medien". Damit umfasst die Hydraulik alle Fragestellungen und Probleme, die mit dem in der Heizungsanlage fließendem Heizwasser zu tun haben. Der hydraulische Abgleich sorgt dafür, dass das Heizungswasser in einer geschlossenen Anlage exakt so geleitet wird, dass jeder Heizkörper die passende Heizwassermenge erhält. Jedes Heizsystem mit örtlich getrennter Wärmeerzeugung und -abgabe steht vor dem Problem der bedarfsgerechten Wärmeverteilung. Der gute alte Holzofen macht deutlich, worum es geht. Am Ofen ist es warm, bereits zehn Schritte weiter wird es zunehmend kühler.

Vielleicht werden Sie jetzt fragen, warum sich das Wasser überhaupt ungleichmäßig verteilt. Das hat einen einfachen Grund: Wasser verhält sich wie Strom und nimmt immer den Weg des geringsten Widerstandes. Durch dünne, lange Leitungen fließt weniger Wasser als durch dicke, kurze und gerade Leitungen. Weil das so ist und weil das im Endergebnis Ihr Geld kostet, muss das Heizungswasser durch Einbauten und Technik gezielt dorthin geführt werden, wo es benötigt wird. Dies ist im weitesten Sinne ein hydraulischer Abgleich.

Er bewirkt, dass genau die Menge Wasser durch die Rohre fließt, die benötigt wird. Wenn das nicht der Fall ist, können einige Heizkörper und Räume nicht ausreichend mit Wärme versorgt werden, andere Heizkörper bekommen dagegen mehr Wärme, als sie jemals benötigen. Wird ein Heizkessel erneuert, ist der hydraulische Abgleich Pflicht, egal ob bei einem Neubau oder einem Bestandsgebäude. In der Norm DIN 18380 heißt es: „... ist für jede Heizungsanlage ein hydraulischer Abgleich durchzuführen." Was nicht bedeutet, dass dies auch wirklich praktiziert wird. Die Erfahrung hat leider gezeigt, dass bei mehr als 90 Prozent aller Immobilien diesbezüglich nichts unternommen wird – unverständlich bei einem durchschnittlichen Energieeinsparpotenzial zwischen 10 und 20 Prozent. Natürlich kann eine Heizungsanlage oder ein Heizungssystem auch nachträglich optimiert werden.

Gibt es bei Heizungsanlagen Probleme, werden von Heizungsbauern anstatt eines hydraulischen Abgleichs häufig nur „Notlösungen" angeboten. So wird eben mal die Leistung der Pumpe erhöht, die Heizkurve angehoben oder sogar beides zusammen.

Beide Maßnahmen erhöhen eindeutig den Energieverbrauch. Gleichzeitig steigen die Kosten, und es treten üblicherweise noch unerwünschte Heizkörpergeräusche auf. Die Heizkörper, die sowieso schon ausreichend Wärme abgeben, werden dadurch natürlich noch heißer. Die Strömungsgeräusche werden durch die erhöhte Pumpenleistung verursacht und können sehr lästig sein. Das Anheben der Heizkurve führt zu einer Erhöhung der sogenannten Vorlauftemperatur. In die Heizkörper fließt heißeres Wasser, unabhängig von ihrer Entfernung zur Pumpe. Somit sind wieder alle Räume unterschiedlich beheizt.

Dieser Effekt tritt natürlich auch morgens beim Aufheizen aller Heizkörper ein. Erst wenn die Raumtemperatur in den Zimmern, die der Pumpe am nächsten liegen, hoch genug ist, schließen die Thermostatventile automatisch. Dann gelangt das Heizungswasser in ausreichender Menge in andere Räume und Heizkörper.

Um genau diesen Effekt der ungleichen Beheizung zu verhindern, versieht man Heizkörper mit entsprechenden Regeleinrichtungen. Unter dem Thermostatkopf sitzt das eigentliche Ventil. Dieses Ventil kann

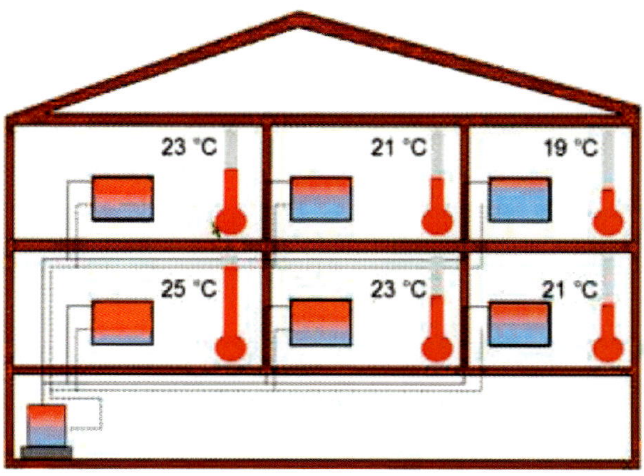

Eine ungleichmäßig von Heizwasser durchströmte Anlage bewirkt, dass es ausgeprägte Bereiche gibt, die mit Wärme überversorgt bzw. unterversorgt sind.

bei vielen Heizkörpern eingestellt werden. Durch die Einstellung erreicht man, dass zum Beispiel ein Heizkörper auch bei voll aufgedrehtem Thermostatkopf nur eine gewisse Wassermenge erhält. Je näher ein Heizkörper an der Heizungspumpe sitzt, desto geringer kann die Voreinstellstufe des Ventils gewählt werden. Infrage kommen die Einstellungen eins, zwei oder drei. Ist der Heizkörper sehr weit von der Pumpe entfernt, erhöht sich die Einstellstufe, zum Beispiel auf vier.

An das Ventil gelangen Sie, wenn Sie den Thermostatkopf abnehmen. Hierbei sollte normalerweise kein Heizungswasser austreten. Einstellbare Ventile sind durch eine Kerbe auf dem äußeren Ventilkranz und Zahlen in der Mitte gekennzeichnet. Abhängig vom Hersteller kann die Einstellung durch einen erfahrenen Heimwerker einfach mit der Hand oder mit einer Rohrzange vorgenommen werden.

Ist das Ventil unter dem Thermostatkopf nicht voreinstellbar, so bietet sich noch eine weitere Möglichkeit, die Heizwassermenge zu begrenzen: über die sogenannte Rücklaufverschraubung. Diese befindet sich in der Regel unten am Heizkörper und ist ursprünglich dafür gedacht, den Ausbau eines defekten Heizkörpers in der Heizperiode zu erleichtern. Wird die Rücklaufverschraubung vollständig geschlossen, kann der Heizkörper, ohne dass Wasser aus dem Heizkreis abgelassen werden muss, entfernt werden. Über diese Rücklaufverschraubung kann auch die Heizwassermenge gedrosselt bzw. reduziert werden. Wenn Sie das selbst machen möchten, gehen Sie folgendermaßen vor:

- Rücklaufverschraubung ganz zudrehen (Vorsicht bei ganz alten festsitzenden), mit Imbus oder Schraubendreher bis zu sechs 360°-Umdrehungen.
- Bei kleinen Heizkörpern: ¼ Umdrehung aufdrehen.
- Bei mittleren Heizkörpern: ½ Umdrehung aufdrehen.
- Bei großen Heizkörpern: ¾ Umdrehung aufdrehen.

Ist die Heizwassermenge nicht begrenzt, führt dies zu hohen Rücklauftemperaturen: Das Wasser fließt zu warm in den Wärmeerzeuger zurück. Wenn es sich dabei um ein Brennwertgerät handelt, ist das besonders schlecht. Gas- oder Ölbrennwertgeräte sind so konstruiert, dass sie mit niedrigen Rücklauftemperaturen das bei der Verbrennung entstehende Abgas kühlen. Im Moment der Abkühlung kondensiert der im Abgas enthaltene Wasserdampf zu Wasser.

Hierbei wird eine große Menge Energie frei, die dem Heizungssystem wieder zugeführt wird. Liegen die Rücklauftemperaturen bei Heizöl über 40 °C und bei Erdgas über 45 °C, so ist diese zusätzliche Energieausbeute (Brennwertnutzung) wenn überhaupt nur sehr eingeschränkt möglich.

Was ist nun der hydraulische Abgleich? Diese Maßnahme hat fünf Komponenten:

- Ermittlung der Voreinstellung der Ventile an den Heizkörpern und Auslegung der Umwälzpumpe – Technische Berechnungen und Dokumentation
- Einbau von neuen, voreinstellbaren Thermostatventilen für (ältere) Heizungsanlagen mit größeren Volumenströmen und ohne Rücklaufverschraubung. Dann erfolgt die Voreinstellung der Wassermenge für den Heizkörper an Hand des ermittelten Wärmebedarfes und der Größe des Heizkörpers.
- Einbau einer geregelten Heizungsumwälzpumpe, die in Abhängigkeit von den geöffneten Ventile den Volumenstrom für die Anlage durch automatische druckgesteuerte Veränderung der Drehzahl anpasst.
- Einstellung der nötigen Förderhöhe an der Heizungspumpe.
- Einstellung der Heizkurve (Vorlauftemperatur in Abhängigkeit von der Außentemperatur).

Folgende Berechnungsschritte sind nötig:
- Ermittlung des Wärmebedarfs für jeden einzelnen Raum
- Berechnung der Heizflächen und deren Volumenströme unter Berücksichtigung der sich einstellenden Rücklauftemperaturen
- Rohrnetzberechnung mit den ermittelten Heizkörpervolumenströmen

Ein wichtiger Schritt ist die Einregulierung bei Inbetriebnahme der Anlage. Vorteilhaft ist dabei die Volumenstromanpassung und Voreinstellung am Thermostatventil. Dafür bietet die Industrie ausgereifte Systeme von Heizkörperarmaturen an. Voreinstellbare Thermostatventile im Besonderen bzw. einstellbare Rücklaufverschraubungen ermöglichen die Anpassung der Volumenströme über die Voreinstellung am Heizkörper. Die Skalierung am Ventilunterteil ermöglicht die schnelle Einstellung des rechnerisch ermittelten Voreinstellwertes. Dies garantiert die angepasste Heizkörperleistung entsprechend der Wärmebedarfsberechnung.[12]

Thermostatkopf und voreinstellbares Ventil im Heizkörper.

Ein Tipp: Wenn Sie Angebote bei Handwerkern einholen, lassen Sie sich unbedingt auch die Kosten für den hydraulischen Abgleich nennen. Dieser Posten ist nämlich nicht grundsätzlich in den Angeboten enthalten. Dass es sich für Sie rechnen wird, sehen Sie an folgendem Beispiel mit einer geregelten Pumpe.

[12] Fachinformation Hydraulischer Abgleich von Heizungs- und Kühlanlagen, S. 4 (Zentralverband Sanitär Heizung Klima, St. Augustin, Nachdruck 01/2002)

Ein Zweifamilienhaus mit einem Wärmebedarf von 20 kW und 250 m² Wohnfläche benötigt zur Wärmeverteilung rund 50 Watt an Pumpenleistung (am kältesten Tag im Jahr). Wenn eine Standard-90-Watt-Pumpe ohne hydraulischen Abgleich eingesetzt wird, ist die Leistungsaufnahme um mindestens 40 Watt zu hoch. In einem Jahr fallen dann etwa 400 kWh mehr als nötig an. Das kostet im Jahr etwa 80 Euro zu viel.

Brennwertgeräte wollen Öl oder Gas

Stand der Technik sind heute Brennwertgeräte. Solch ein Gerät, das entweder mit Gas oder mit Öl betrieben wird, ist sozusagen die Mindestanforderung, die eine Heizungsanlage erfüllen sollte. Auch dann, wenn der Schornsteinfeger Ihrer vielleicht schon dreißig Jahre alten Anlage noch die Unbedenklichkeit attestiert. Das besagt wenig, denn er misst nur Rußzahl und Abgasverluste. Ob Ihre Anlage noch zeitgemäß ist oder zu den Oldtimern gehört, darüber gibt das Schornsteinfeger-Protokoll keine direkte Auskunft.

Bei Gasgeräten ist die Brennwerttechnik bereits Standard. Die Ölbrennwertgeräte sind inzwischen allerdings im Kommen. Einfach ausgedrückt besteht der Charme dieser Technik darin, dass die in den Abgasen enthaltene Wärme zurückgewonnen wird. Hier spielt die Rücklauftemperatur des Heizwassers, das von den Heizkörpern wieder zurückkommt, eine große Rolle. Je niedriger diese Temperatur ist, desto wirksamer kann die Brennwerttechnik arbeiten (siehe auch hydraulischer Abgleich). Da dies die entscheidende Größe für die Energieeinsparung ist, sollte beim Austausch immer auch das gesamte Heizsystem inklusive Pumpe, Rohleitungen, Heizkörper usw. betrachtet werden. Für den Abzug der Verbrennungsluft muss der Schornstein in der Regel umgerüstet werden. Wichtig bei dieser Technik ist eine feuchte- und säureunempfindliche Abgasanlage. Diese Anforderung ist durch den Einbau eines Kunststoffrohres in den Kamin leicht zu gewährleisten.

Der Wechsel von der alten Heizung auf einen modernen Gas- oder Öl-Brennwertkessel bringt Energiekosteneinsparungen von ca. 25 Prozent. Eine Solarkollektoranlage liefert rund 60 Prozent der notwendigen Energie für die Wassererwärmung. In sehr gut gedämmten Gebäuden kann eine große Solaranlage sogar bis zur Hälfte der Heizwärme solar erzeugen. Die neue Brennwertheizung samt Solaranlage für Warmwasser ist für rund 11.000 Euro erhältlich, weitere 6.000 Euro kostet eine Solaranlage mit Heizungsunterstützung. Die Montagekosten sind darin enthalten An dieser Stelle weisen wir darauf hin, dass der Wechsel von einer antiken Heizungsanlage zu einem Brennwertgerät energetisch und ökologisch gesehen keinen „Quantensprung“ darstellt. Diese Entscheidung ist einfach nur besser, als nichts zu ändern.

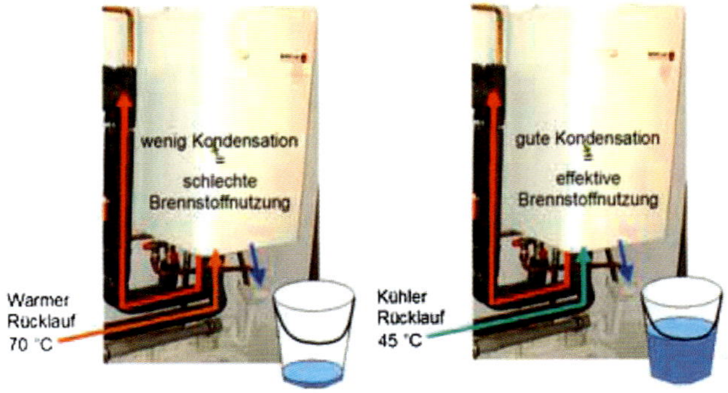

Zu hohe Rücklauftemperaturen führen bei Brennwertkesseln zu einer verminderten Brennstoffausnutzung. Kondensiert wenig Wasser im Kessel, dann geht ein Teil der eigentlich nutzbaren Energie praktisch durch den Schornstein verloren.

Die passende Größe ist entscheidend

Die maximale Leistung des Kessels muss für den Heizungsbedarf des Hauses am kältesten Tag im Jahr ausreichen. Bei der Errechnung der Kesselgröße können Sie sich natürlich Unterstützung von Heizungsbauern oder aber von einem Energieberater, der herstellerunanhängig informiert, holen. Nach unserer Erfahrung sind sowohl Kessel als auch Heizkörper tendenziell eher über- als unterdimensioniert. Ein gut gedämmtes Einfamilienhaus, das dem Niedrigenergiehaus-Standard entspricht, weist in der Regel nur noch eine Heizlast von rund 6 kW auf.

Beim Betrieb des Brennwertgerätes fällt Kondensat an. Dieses Kondensat hat bei Geräten, die mit Erdgas oder schwefelarmem Heizöl betrieben werden, einen ph-Wert von rund 3 – 4, ist damit leicht sauer (ähnlich dem Zitronensaft) und kann in der Regel zusammen mit dem Abwasser in die Kanalisation eingeleitet werden. Das Kondensat von Standard-Heizöl dagegen muss erst neutralisiert werden. Bei Öl-Brennwertgeräten wird eine mit alkalischem Granulat gefüllte Box installiert, die das Kondensat neutralisiert, bevor es ins Abwasser gelangt. Zur regelmäßigen Wartung raten wir.

Die Stiftung Warentest hat für ihr Sonderheft Energie[13] Ölbrennwertkessel getestet, die schwefelarmes Öl verbrennen. Warum schwefelarmes Heizöl? Kurz gesagt, riecht dieses Öl weniger, und noch wichtiger ist, dass es die Umwelt weniger belastet als herkömmliches. Darüber hinaus ist der Wartungsaufwand geringer, ohne Reduzierung der Energieausnutzung. Ein weiterer Vorteil ist, dass das Kondensat nicht mehr neutralisiert werden muss. Der Schwefelgehalt liegt bei höchstens 50 Gramm pro Tonne. Normales Heizöl hat einen Schwefel-

---

13 Stifung Warentest, Sonderheft Energie, Berlin, Juni 2008, S. 64ff

gehalt von 1 000 Gramm pro Tonne. Noch ist das schwefelarme Heizöl teilweise um die fünf Euro pro 100 Liter teurer als herkömmliches. Zum 1. Januar 2009 wird sich das ändern, weil es dann einen Steueraufschlag von 0,015 Euro pro Liter für normales Heizöl geben wird.

Zwischen 5.590 und 7.000 Euro kosten die Ölbrennwertkessel in der Anschaffung, die Stiftung Warentest geprüft hat. Neun der zehn Kessel haben ein „sehr gut" oder „gut" bei dem Kriterium der Energieausnutzung erhalten. Einige der getesteten Geräte sind knapp am Urteil „sehr gut" vorbeigeschlittert, weil der Stromverbrauch hoch, die Verarbeitung unbefriedigend und die Betriebgeräusche lästig waren.

Da Brennwertgeräte Stand der Technik sind, gibt es für sie keine Einzelförderung. In Kombination mit weiteren Maßnahmen ist eine Förderung jedoch in der Regel möglich (siehe Förderprogramme).

Pelletkessel und -öfen – sinnvoll heizen mit Holz

Holz hat wieder Konjunktur. Grund dafür sind unter anderem die steigenden Gas- und Ölpreise. Viele Hausbesitzer setzen auch aus ökologischen Gründen auf diesen Rohstoff. Holz zeichnet sich durch eine CO_2-neutrale Verbrennung aus. Das während des Wachstums gebundene CO_2 wird durch die Verfeuerung wieder freigesetzt. Holz ist der wichtigste und bekannteste nachwachsende Rohstoff, der darüber hinaus regional verfügbar ist. Mit hochwertigem Holz, einer modernen Heizungsanlage und einer sachgerechten Handhabung bekommen Sie eine behagliche Wärme, ohne das Klima zu schädigen.

Pellets sind naturbelassene, gepresste Säge- und Hobelspäne. Es sind zylindrische Presslinge. Sie können unterschiedlicher Herkunft sein:

- naturbelassenes Landschaftspflegeholz
- Restholz aus der Holzbearbeitung, Restholz aus der Ernte von Waldholz
- unbehandelte Resthölzer aus der Holzverarbeitung (zum Beispiel Tischlereien, Zimmereien)
- unbehandeltes Altholz als Abfallprodukt aus Paletten, Möbeln

Unter hohem Druck und nur mit natürlichen Holzharzen als Bindemittel werden sie hergestellt. Durch das Pressen wird die Luft aus dem Holz entfernt und dadurch das Volumen reduziert. Unzulässig sind chemische Bindemittel wie auch Fremdstoffe. In der Norm DIN 51731 sind die Qualitätsanforderungen festgelegt, dadurch ist eine gleichbleibende Qualität garantiert. Pellets haben einen Durchmesser von 6–8 Millimetern und eine Länge von 10–13 Millimetern. Der Wassergehalt liegt bei 8–10 Prozent, der Heizwert beträgt etwa 5 kWh pro Kilogramm. Ein Kilo Pellets entspricht damit einem halben Liter Heizöl. Um 1000 Liter Heizöl zu ersetzen, werden drei Kubikmeter Pellets benötigt.

Vorteile gegenüber einer Öl- oder Gasheizung:

- Holz ist ein CO_2-neutraler Brennstoff.
- Holz ist ein krisensicherer Brennstoff, da er vor unserer Haustür wächst.
- Holz hat bei der Verrennung niedrigere Emissionen.
- Holz ist ein ungefährlicher Brennstoff (kein Heizöl läuft aus, keine Gasexplosionsgefahr).
- Eine Pelletheizung erfährt hohe Förderung durch den Staat.
- Die gesamte Verarbeitungskette ist in Deutschland möglich.
- Holz ist um mehr als 50 Prozent billiger als Öl und Gas (Stand Juni 2008).

Funktionsprinzip einer CO_2-neutralen Wärmeversorgung mit Holz-Pelletsheizung und Solaranlage zur Warmwasserbereitung und Heizungsunterstützung.

Tankwagen bringt die Pellets

Meist werden die Pellets im Tankwagen geliefert und über einen Schlauch in den Lagerraum eingeblasen. Ideal ist es, wenn aus dem Ölkeller ein Lager für Pellets werden kann. Sollte dies nicht möglich sein, kann auf einen Erdtank oder ein Gewebesilo ausgewichen werden. Entscheidend ist, dass der Lagerplatz trocken ist. Der Lagerraum sollte so dimensioniert sein, dass etwa der 1,2- bis 1,5fache Jahresbedarf eingelagert werden kann. Werden Pellets länger als zwei Jahre gelagert, reduziert sich ihre Qualität.

Wie kommen nun die Pellets in den Kessel? Am komfortabelsten ist die Beschickung über eine vollautomatische Anlage. Das kann eine

Förderschnecke (dieses System hat sich in fünfzehn Jahren bewährt) oder ein Saugsystem sein. Damit werden die Pellets automatisch vom Lagerraum zum Heizkessel transportiert, ganz wie bei Öl- oder Gaskesseln. Halbautomatische Kessel haben einen größeren Vorratsbehälter, der von Hand mit Pellets befüllt werden muss. Grundsätzlich kann die Asche im Restmüll entsorgt werden. Als Faustregel gilt: Pro verbrannter Tonne Pellets muss einmal Asche entleert werden, das können dann bis zu fünf Kilogramm Asche sein.

Pelletkessel für Groß und Klein

Pelletkessel für die Zentralheizungsanlagen eignen sich sowohl für Ein- und Zweifamilienhäuser als auch für größere Wohneinheiten. Pelletkessel gibt es in kleinen Leistungsklassen zwischen 2 und 10 kW. Diese sind für Gebäude mit niedrigstem Wärmebedarf – Niedrigenergie- oder Passivhäuser – ideal. Die Hersteller empfehlen die Installation eines Pufferspeichers. Zu überlegen ist, ob nicht auch eine thermische Solaranlage eingebaut werden sollte. Somit hätte der Pelletkessel das ganze Jahr über einen hohen Wirkungsgrad.

Langfristig wirtschaftlich

Bei Heizungssystemen wird häufig nur auf den Anschaffungspreis gesehen. Da schneidet die Pellets-Lösung schlechter ab als zum Beispiel das Brennwertgerät. Eine Pelletheizung inklusive Lager und Warmwasserspeicher kostet rund 12.000 Euro. Dagegen stehen die laufenden Kosten. Und da schneiden natürlich die fossilen Brennstoffe schlechter ab, und dieser Trend wird sich in Zukunft weiter verstärken. Die Preise für per Tankwagen gelieferte Pellets lagen im Mai 2008 im Bundesdurchschnitt bei rund 200 Euro pro Tonne, regionale Abweichungen sind möglich. Eine Tonne Pellets entspricht 500 Litern Heizöl.

Pelletti II – Technik im Überblick

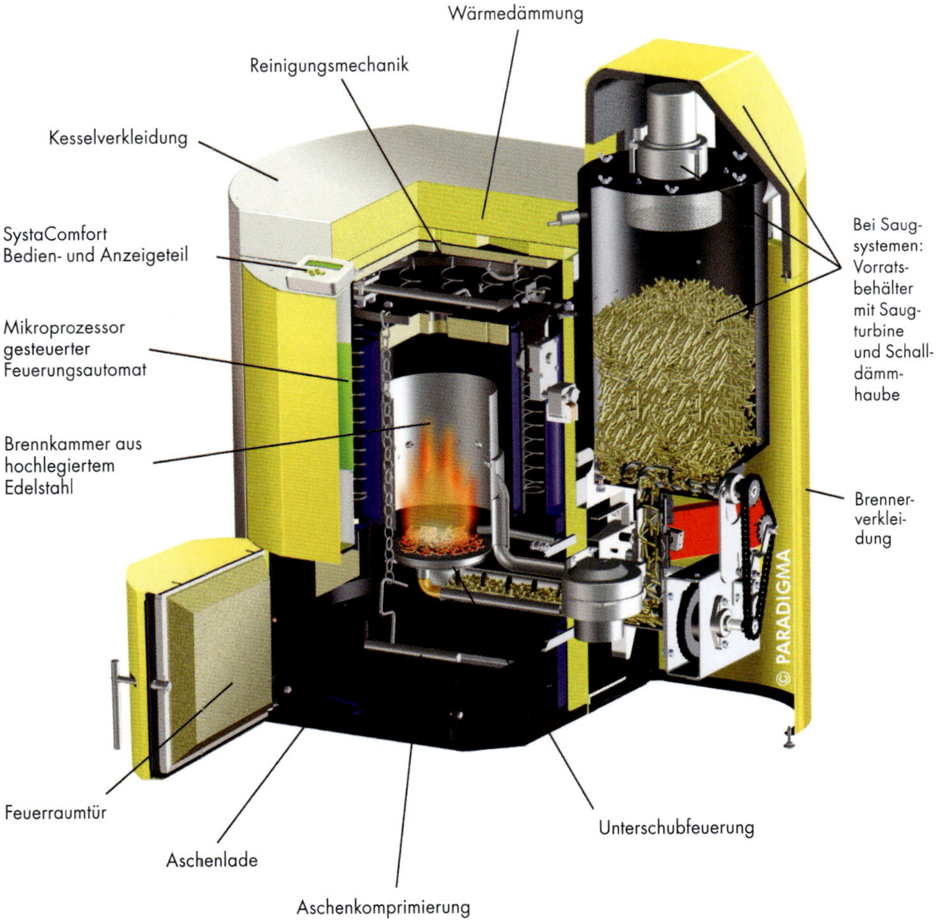

© PARADIGMA

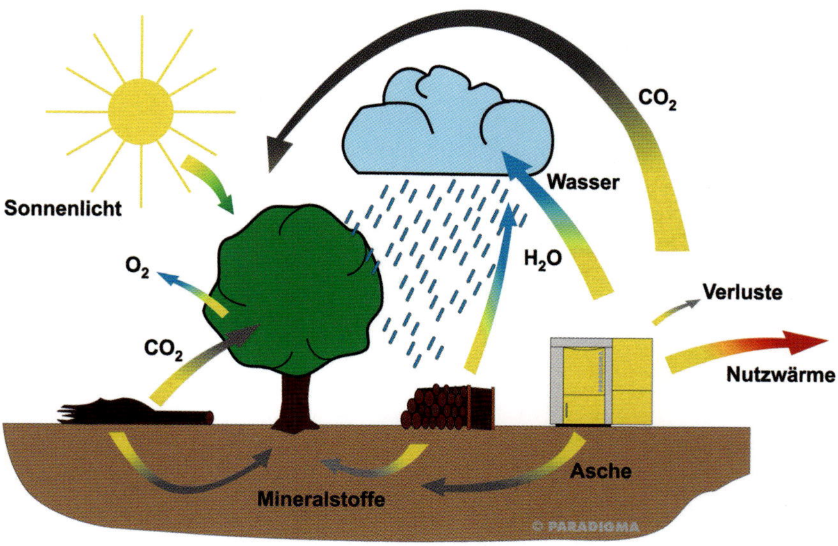
Sonnenlicht
CO_2
Wasser
H_2O
O_2
CO_2
Verluste
Nutzwärme
Asche
Mineralstoffe
© PARADIGMA

Pellets und Feinstaub

Feinstaub ist ein Dauerthema, seitdem die EU-Feinstaubrichtlinie, die Anfang 2005 in Kraft trat, viele Städte und Gemeinden zum Handeln zwingt. Zur Begrenzung innerstädtischer Feinstaubbelastungen werden zahlreiche Maßnahmen ergriffen. Auch Pelletheizungen stehen wegen angeblich hoher Feinstaubemissionen in der Kritik. Pelletheizungen sind ein junger Markt mit hohen Wachstumsraten.

Trotz der guten Nachrichten hält sich das Vorurteil, dass Pelletfeuerungen maßgeblich zur Feinstaubbelastung beitragen. Alle häuslichen Holzheizungen zusammen, ganz gleich ob Kamin, Scheitholz- oder Pelletfeuerungen, tragen mit 15–20 Prozent zu den gesamten Staubemissionen bei. Untersuchungen haben gezeigt, dass ältere Holzfeuerstätten den meisten Staub emittieren. Nach Berechnungen des Leipziger Instituts für Energetik und Umwelt (IEU) könnte dieser Anteil halbiert werden, wenn alle alten Holzkessel auf moderne Geräte umgestellt würden.

Auf Prüfständen in der Schweiz, in Österreich und in Deutschland werden derzeit Menge und Zusammensetzung der Abgase von Pelletfeuerungen untersucht. Die Messungen zeigen, dass der Feinstaubausstoß dieser modernen Anlagen etwa so gering ist wie bei bestehenden Ölbrennern. Volker Lenz vom IEU hat den Vorteil errechnet: Wenn eine Million Öl- und Gaskessel gegen Pelletanlagen ausgetauscht würden, wäre der Feinstaubzuwachs geringer als ein Prozent.

Neue Erkenntnisse gibt es auch über die Schädlichkeit des Feinstaubs. Prof. Thomas Nußbaumer und seine Mitarbeiter vom Schweizer Ingenieurbüro Verenum haben Ruß aus Dieselmotoren und Partikel aus Holzfeuerungen auf ihre Wirkung getestet. Sie fanden heraus, dass Feinstaub einer modernen Holzfeuerung 5–10-mal weniger schädlich ist als Dieselruß. Der Staub besteht in diesem Fall hauptsächlich aus anorganischen Salzen, die fast keine biologische Reaktivität aufweisen. Sie werden in den Atemwegen größtenteils wieder gelöst.

Vorraussetzung ist allerdings die nahezu vollständige Verbrennung im Holzkessel. Diesem Ziel kommen moderne Pelletfeuerungen sehr nahe. Es ist somit wichtig, dass Holz künftig möglichst nur in modernen Feuerungen, wie zum Beispiel einer Pelletanlage, verbrannt wird. Nur so kann bei der aktuellen Diskussion der eigentliche Vorteil der Holzfeuerung wieder in den Vordergrund treten – der Klimaschutz. Denn durch die CO_2-neutrale Verbrennung trägt Holz im Gegensatz zu Öl und Gas direkt zur Reduzierung der Treibhausgase und damit zu einer Reduktion der Klimaerwärmung bei.[14]

Mit Stückholz zu wohliger Wärme

Auch Scheitholz/Stückholz ist als Brennstoff für Zentralheizungen wieder sehr populär. Große Mengen werden nach Volumen (Raummeter), kleine nach Gewicht abgerechnet. Scheitholz ist ideal für Menschen, bei denen Komfort nicht an erster Stelle steht. Hier muss man anpacken: nämlich Holz spalten und auf die richtige Länge – 33 bis 50 Zentimeter – bringen. Ist diese Arbeit getan, wird das Holz mindestens zwei Jahre regengeschützt im Freien gelagert. Ideal ist die Südseite eines Hauses.

Im Handel wird auch fertig gespaltenes und getrocknetes Holz angeboten. Da eine recht große Lagerfläche Voraussetzung für diese Art des Heizens ist, eignet sich nicht jedes Grundstück dafür. Laubholz hat übrigens einen höheren Brennwert als Nadelholz. Beide werden aber benötigt: das weiche Nadelholz für die Anheizphase, das harte Laub-

---

[14] Auszug aus einer Pressemitteilung des Deutscher Energie-Pellet-Verband e.V. (DEPV) vom 19.12.2006, Tel.: 0621 72875-23, Fax: -26, E-Mail info@depv.de (http://www.depv.de)

holz für eine stabile Verbrennung. Das Mengenverhältnis von Nadel- zu Laubholzvorrat sollte 1 : 5 bis 1 : 8 betragen.

Die meisten modernen Stückholzkessel sind gebläseunterstützte Holzvergaserkessel. Sie erbringen Leistungen zwischen 15 kW und 50 kW. Eine Hochtemperaturbrennkammer ist das Herzstück. Hier werden aus der Glut entweichende Holzgase mit Luft verwirbelt, die bei hohen Temperaturen vollständig verbrennen. Die Brenndauer eines Stückholzkessels ist abhängig vom Füllvolumen, dem Wirkungsgrad des Kessels, der Qualität des Brennstoffs und der Betriebsweise. Wer im Frühjahr und im Herbst nicht täglich Holz nachlegen möchte, um zum Beispiel warm duschen zu können, sollte die Scheitholzanlage mit einer thermischen Solaranlage zur Warmwasserbereitung und Heizungsunterstützung kombinieren.

Scheitholzkessel werden mit einem Pufferspeicher, der nur das Heizungswasser enthält, kombiniert. Dort steht dann die Heizwärme auf Abruf bereit. Durch einen großen Wärmespeicher (das BAFA legt die Mindestanforderung auf 50 Liter pro kW Kesselleistung fest) ist sichergestellt, dass die gesamte bei der Verbrennung entstehende Wärme gespeichert werden kann. Somit muss auch weniger oft Holz nachgelegt werden. Bei Scheitholz muss der Feuchtigkeitsgehalt unter 20 Prozent liegen.

Wenn Sie einen Vergaserkessel kaufen möchten, achten Sie auf die Angaben zu der zu erwartenden Brenndauer einer Füllung. Berücksichtigen Sie bei der Ermittlung von Brenndauer und Energiegehalt, dass das vom Hersteller genannte Füllmengenvolumen nicht komplett genutzt werden kann. Grund: Zum einen lässt sich das Holz nicht so exakt einräumen; es entstehen Hohlräume. Zum anderen muss die Kesseltür problemlos zu schließen sein, das heißt, der Füllraum ist nicht in voller Länge und Tiefe zu nutzen. Als eine gute Lösung hat sich die Anordnung einer schrägen Befülltür von vorne herausgestellt, diese lässt sich leicht und wie eine PKW-Heckklappe öffnen.

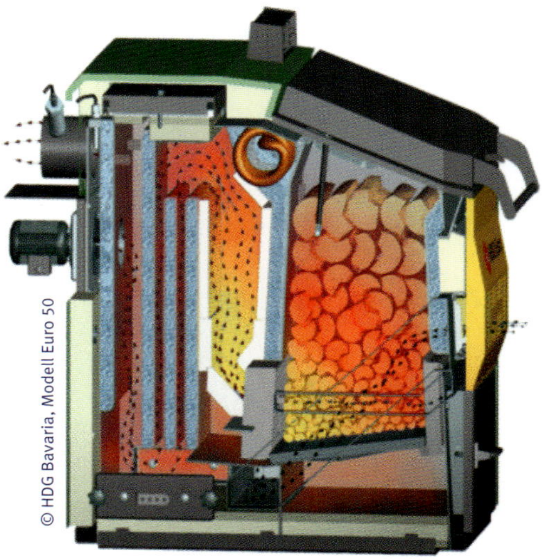

© HDG Bavaria, Modell Euro 50

Wer sich entschließt, einen Scheitholzvergaserkessels zu installieren, entscheidet sich bewusst für den Einsatz eines nachwachsenden Brennstoffes im häuslichen Bereich. Dies ist aus einer Vielzahl von Gründen vorteilhaft:

- Nutzung eines regenerativen Energieträgers.
- Beitrag zur Erhöhung der Sauberkeit in unseren Wäldern.
- Holz verfügt bei nachhaltiger Waldbewirtschaftung über eine ausgeglichene CO_2-Bilanz (keine Verschärfung des Treibhauseffektes).
- Kurze Transportwege vom Bereitstellungs- zum Einsatzort (der Revierförster wohnt immer in der Nähe und ist für jeden Brennholzkunden erreichbar).

- Der Holztransport ist havariesicher (d. h. bei einem Unfall werden weder das Meer durch havarierte Großtanker noch der Boden die Atmosphäre durch geplatzte Öl- und Gaspipelines verseucht).
- Ein Scheitholzvergaserkessel verursacht beim Einsatz eigener Arbeitskraft wesentlich geringere Betriebskosten als eine vergleichbare Öl- oder Gasheizung (i. d. R. nur die Hälfte der bisherigen Brennstoffkosten).
- Die Wertschöpfung der Brennstoffbereitstellung verbleibt zum überwiegenden Teil im Inland (Löhne für Waldarbeiter, Fuhrlöhne für Holzrücke- und Transportbetriebe).
- Die Brennholzversorgung ist krisensicher und kann durch politische Spannungen oder gar Kriege in den großen Öl/Gas-Förderregionen dieser Welt nicht direkt beeinträchtigt werden.
- Moderne Scheitholzvergaserkessel arbeiten im Gegensatz zu alten Festbrennstofföfen sehr umweltfreundlich und besitzen einen wesentlich höheren Wirkungsgrad.
- Die Anschaffung von Scheitholzvergaserkesseln wird aus umweltpolitischen Gründen von der Bundesregierung gefördert.
- Brennholz ist praktisch schwefelfrei.[15]

Romantik mit Kamin- und Kachelofen

Kamin- und Kachelofen sorgen für eine gemütliche Atmosphäre und können in der Übergangszeit die Heizung ersetzen. Wie immer ist auch hier die gute Planung Voraussetzung für ein zufriedenstellendes Ergebnis. Der Aufwand für den Einbau eines solchen Ofens in eine Bestandsimmobilie ist nicht unerheblich. Ein Kamin muss vorhanden sein, Leitungen zum Heizungskessel müssen gelegt werden.

15 Marktübersicht Scheitholzvergaserkessel, 5. Auflage 2007

Verfügt Ihre Immobilie über eine sehr gute Wärmedämmung und sind die Fenster sowie die Anschlüsse von der Dachhaut zur Fassade luftdicht ausgeführt, wird voraussichtlich nicht genug Verbrennungsluft – pro Kilogramm Holz mehrere Kubikmeter – vorhanden sein. Dieses Problem lässt sich lösen, was aber natürlich Geld kostet. Für solche Fälle ist ein Gerät mit Extra-Anschluss für die Frischluftzufuhr von außen ideal. Abhilfe kann dort ein kleiner Ofen mit Wassertasche schaffen, mit deren Hilfe die Wärmeüberschüsse in Ihren Pufferspeicher im Keller geleitet werden. Für alle Wohngebäude gilt: Planen Sie vorausschauend gemeinsam mit dem Schornsteinfeger.

Möchten Sie neu bauen, stehen Ihnen hingegen viele Möglichkeiten offen. Was allerdings auf keinen Fall mehr in Frage kommt, ist der „klassische" offene Kamin im Wohnzimmer. Der ist schon lange nicht mehr Stand der Technik, belastet Raumluft und Gesundheit und hat zudem einen schlechten Wirkungsgrad. Alle auf dem Markt befindlichen Geräte sind mit Glastüren ausgestattet; dadurch wird nicht nur die Strahlungswärme genutzt, sondern auch die Warmluft.

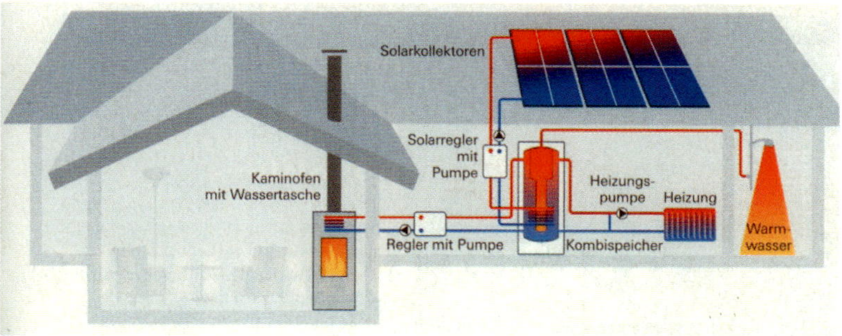

Wenn auf die Wärmespeicherung großen Wert gelegt wird, ist ein Kachelofen mit seinen massiven Wänden die richtige Wahl. „Schneller, platzsparender und billiger heizt ein Kaminofen. Typische Kennzeichen: Kompaktbauweise, Innenleben aus Gusseisen oder Stahlblech, großes Glassichtfenster und jede Menge unterschiedlicher Designideen."[16]

Abraten möchten wir ausdrücklich von Billigöfen, wie sie zum Beispiel in Baumärkten angeboten werden. Das hat mehrere Gründe. Ein Kaminofen ist für die meisten eine Anschaffung fürs Leben. Dazu muss er allerdings sehr guter verarbeitet sein. Die Scharniere müssen solide sein, Verstellhebel und Ofentür leichtgängig, die Schieber exakt feststellbar, die Bleche dick und gut lackiert, und scharfe Kanten sind tabu. Bei hochwertige Öfen sind die Luftregelung und Abgasführung mit wenigen Einstellhebeln zu bedienen.

© Ing.-Büro Bau + Energie, Rolf Canters

Kachelofen

[16] Stiftung Warentest, Sonderheft Energie, Berlin, Juni 2008, S. 69

Stiftung Warentest rät übrigens ausdrücklich, vor dem Kauf den Ofen in „Aktion" zu testen. Dem schließen wir uns an. Im qualifizierten Fachhandel stellt das auch kein Problem dar. Die renommierten Ofenhersteller schulen ihre Händler sogar für ihre jeweiligen Modelle, so dass Sie dort mit kompetenter Beratung rechnen können. Dort erhalten Sie auch die Auskunft über den Wirkungsgrad. Er sollte unbedingt über 75 Prozent liegen.

Auch bei den „Feuerungsanlagen für feste Brennstoffe" gibt es gesetzliche Regelungen. In Zukunft sollen neue Feuerungsanlagen für Einzelräume nur in Betrieb gehen dürfen, wenn der Hersteller belegt, dass die Grenzwerte eingehalten werden. Verlangen Sie vom Hersteller eine schriftliche Bestätigung darüber, dass dem Bundesimmissionsschutzgesetz Folge geleistet wird. Damit sind Sie auf der sicheren Seite.

Vergleich der Brennstoffkosten für einen Bedarf von 25000 kWh bezogen auf ein Jahr

Brennstoff	**Erdgas**	**Heizöl**	**Strom**	**Pellets**	**Scheitholz**
Jährlicher Energiebedarf in kWh	25000	25000	25000	25000	25000
Brennwert	11,3 kWh/m³	10,6 kWh/l	–	4,9 kWh/kg	4,08 kWh/kg
Benötigte Brennstoffmenge	2212 m³	2358 Liter	25000 kWh	5102 kg	6127 kg
Brennstoffpreise € / kWh	0,075	0,095	0,200	0,042	0,031
Brennstoffkosten pro Jahr	1875	2375	5000	1050	775

Energie wird doppelt genutzt

Eine neue Technologie muss sich nicht nur ökonomisch durchsetzen, sie muss gleichzeitig Umweltvorteile gegenüber bestehenden Technologien bieten. Jede Energieform greift in unser Ökosystem ein, sei es bei der Gewinnung der Rohstoffe, beim Bau eines Kraftwerkes oder während seines Betriebs. Alle Umweltaspekte sind zu berücksichtigen. Gerade für kleine Systeme, die für die Hausenergieversorgung eingesetzt werden, sind die dezentrale Nutzung und der Einsatz erneuerbarer Energien zukünftig möglich.[17] Laut Bundesumweltministerium ist in Deutschland das Potenzial zum Ausbau der Kraft-Wärme-Kopplung vorhanden. Aus technischer, ökologischer und ökonomischer Sicht wäre ein deutlicher Ausbau möglich und sinnvoll. Eine Vervierfachung der heutigen Stromerzeugung aus Kraft-Wärme-Kopplung ist aus Sicht des Ministeriums technisch und wirtschaftlich machbar.

Als Kraft-Wärme-Kopplung (KWK) werden Anlagen bezeichnet, die gleichzeitig sowohl Wärme als auch Strom erzeugen. Beides kann und sollte an Ort und Stelle genutzt werden. Nur dann sind solche Anlagen wirtschaftlich. Es entfallen die Stromtransportkosten, weil der Strom dort produziert wird, wo er auch verbraucht wird. Die Funktionsweise ist sehr einfach. Ein Verbrennungsmotor treibt einen Generator an. Dieser Generator liefert Strom. Die Abwärme des Motors wird der Heizung zugeführt. Über diese Kraft-Wärme-Kopplung werden Wirkungsgrade zwischen 85 und 95 Prozent erreicht. Zum Vergleich: Großkraftwerke erzielen nur einen Wirkungsgrad von 35 bis 40 Prozent. Das bedeutet, dass 60 – 65 Prozent der Energie aus Kohle, Gas oder Öl in der Luft verpuffen und dabei noch CO_2 freigesetzt wird.

---

[17] Kleine Kraft-Wärme-Kopplung für den Klimaschutz, Bundesministerium für Umwelt, Naturschutz und Reaktorsicherheit, Berlin, März 2005, 2. Auflage, S. 24

Die Verbrennungsmotoren der KWK werden mit Erdgas, Heizöl, Biogas oder Pflanzenöl betrieben. In der Entwicklung oder teilweise schon marktreif sind Anlagen, die durch eine Brennstoffzelle oder einen Stirlingmotor angetrieben werden. Bei diesem Verfahren findet die Verbrennung außerhalb des Motors statt. Dadurch kann beinahe jede Wärmequelle mit hoher Temperatur zur Stromerzeugung genutzt werden, zum Beispiel Pellet- und Holzheizungen, aber auch Sonnenwärme von Parabolspiegeln.

Anlagen zur Kraft-Wärme-Kopplung gibt es in unterschiedlichen Größenordnungen, von tausend Watt bis Millionen Watt. Die kleinen KWK-Aggregate sind besser bekannt unter dem Namen Blockheizkraftwerk (BHKW). Diese BHKWs eignen sich für große Einfamilienhäuser und noch besser für größere Wohneinheiten, Hotels und Gewerbebetriebe. Für ein durchschnittliches Einfamilienhaus sind oft die kleinsten BHKWs noch zu groß, um effizient arbeiten zu können. Ausschlaggebend für den wirtschaftlichen Betrieb ist die jährliche Laufzeit. Dabei gilt folgende Regel: Je höher die Zahl der Betriebsstunden, desto mehr verteilen sich die Investitionskosten auf größere Strom- und Wärmemengen, sprich die Erzeugungskosten sinken.[18]

Die Laufzeit ist vor allem von der Auslegung der Anlage und von der Wärmenachfrage des Objektes abhängig. Je mehr Wärme auch in den Sommermonaten verbraucht wird, beispielsweise durch Duschen und Baden oder ein beheiztes Schwimmbad, desto länger und dadurch wirtschaftlicher läuft das BHKW-Aggregat. Als Faustformel gilt, dass die thermische Leistung bei zehn bis 15 Prozent der benötigten Wär-

[18] Kleine Kraft-Wärme-Kopplung für den Klimaschutz, Bundesministerium für Umwelt, Naturschutz und Reaktorsicherheit, Berlin, S. 20

meleistung des zu versorgenden Objektes liegen sollte, um eine hohe Laufzeit von jährlich mehr als 5 000 Stunden zu ermöglichen.[19]

Das Ziel des Anlagenkonzepts für einen typischen Haushalt sollte bei den gegebenen Rahmenbedingungen sein, möglichst wenig Strom in das öffentliche Netz einzuspeisen. Denn jede selbst produzierte Kilowattstunde erspart dem Haushalt derzeit rund 20 Cent. Speist der private Anlagenbetreiber Strom aus einem BHKW ins öffentliche Stromnetz ein, so erhält er für die Kilowattstunde zurzeit etwas mehr als die Hälfte (zehn bis zwölf Cent). Diese Vergütung ist im Kraft-Wärme-Kopplungsgesetz (KWKG) und im Erneuerbare-Energien-Gesetz (EEG) geregelt. Wer in seinem BHKW erneuerbare Energien als Brennstoff nutzt, kann die Vergütung bis auf etwa 21 Cent pro kWh steigern.[20]

Wenn Sie in einem Mehrfamilienhaus wohnen und Ihr Warmwasserbedarf über ein Zentralheizungssystem gedeckt wird, dann kann sich die Installation eines BHKW lohnen. Es wird einfach neben den Heizkessel gestellt. Die Einbindung in die Heizung wird so ausgeführt, dass bei Bedarf ein Betrieb wie bisher, also ohne BHKW, möglich ist. Der Heizkessel lässt sich auch vollständig ersetzen, was allerdings selten wirtschaftlich ist. Man sollte vor dieser Investition, die bei rund 25.000 Euro beginnt, Fachplaner hinzuziehen, die sich auch mit Frage der Abrechnungsmodalitäten auskennen.

Im hessischen Rossdorf wurden drei Gebäudeteile eines Mehrfamilienhauses, die jeweils eine eigene Heizzentrale hatten, über eine Nah-Wärmeleitung verbunden und an ein Mini-BHKW angeschlossen. Das BHKW kommt auf 7 000 Betriebsstunden pro Jahr. Mit seinen 5,5 Kilo-

---

[19] ebenda
[20] ebenda

watt elektrischer Leistung deckt es über die Hälfte des Jahresstromverbrauchs und 80 Prozent der benötigten Wärme für zehn Wohneinheiten ab. Den bisherigen Stromanbietern wurde gekündigt. Der nicht vom BHKW erzeugte Strom wird zugekauft.[21]

Die Wärmepumpe – die überschätzte Technologie

Wärmepumpen sind „in". 2006 sind 28 000 neue Anlagen installiert worden. Das entspricht gegenüber 2005 einem Zuwachs von 115 Prozent. Sobald es in Gesprächen um neue Heizsysteme geht, fällt schnell das Wort „Wärmepumpe", oft auch noch im Zusammenhang mit erneuerbaren Energien. Dabei besteht dieser Zusammenhang nicht automatisch. Wärmepumpen ziehen Energie zwar aus der Luft, der Erde oder dem Grundwasser, doch ohne Strom kommt eine Wärmepumpe nicht in Gang. Wir möchten an dieser Stelle nicht verhehlen, dass wir nur bei ganz speziellen Rahmenbedingungen den Einsatz dieser Technologie empfehlen. Diese Spezialfälle werden wir noch erläutern. Grund für unsere Position ist die Tatsache, dass es ökonomischere, ökologischere und einfachere Wege der Wärmeerzeugung geben kann.

Vorab die Fakten. Folgende Betriebsweisen sind zu unterscheiden:

- Monovalent: Die Wärmepumpe versorgt das Haus allein und komplett mit Wärme und Warmwasser.
- Bivalent: An sehr kalten Tagen wird parallel oder alternativ zur Wärmepumpe ein Heizkessel eingesetzt. Es kommen also zwei Wärmeerzeuger zum Einsatz.
- Monoenergetisch: Statt eines zusätzlichen Heizkessels kann ein elektrischer Heizstab zugeschaltet werden oder die Wärmeversor-

---

21 ebenda, S. 28

gung komplett übernehmen. Dies findet man zum Beispiel bei einer Wärmepumpe mit der Wärmequelle Luft. Sie ist bei einer sehr niedrigen Außentemperaturen meist nicht in der Lage, das Haus allein zu versorgen.[22]

Es sind also etliche Fragen zu beantworten, bevor klar ist, welche Variante einer Wärmepumpe für Sie infrage kommt. Weitere sind:

- Stimmen die geologischen Rahmenbedingungen?
- Betreiben Sie eine Lüftungsanlage?
- Planen Sie eine Heizkörper-, Fußboden- oder Wandheizung oder einen Neubau?
- Haben Sie Platz für Horizontalkollektoren?
- Haben Sie ausreichend Platz für Baufahrzeuge und Bohrgeräte, die zur Einrichtung benötigt werden?
- Ist Ihr Nachbar lärmempfindlich?
- Können Sie den gesetzlichen Mindestabstand zum Nachbarn einhalten?
- Sind Sie bereit, ständig steigende Strompreise zu tolerieren?
- Wie viel sind Sie bereit zu investieren?
- Welche Qualität hat Ihr Grundwasser, und wie tief muss gebohrt werden?
- Soll Ihr Haus auch gekühlt werden?
- Können Sie damit leben, dass es in Ihrem Garten später grünt als anderswo (dem Boden und damit natürlich den Pflanzen wird Wärme entzogen)?

Dieser Fragenkatalog könnte noch erweitert werden. Doch an dieser Stelle wollen wir lieber mit Antworten dienen. Die Kühlung klammern

[22] Heizung und Warmwasser, Moderne Heiztechnik mit Sonnenenergie, Holz und Co., Verbraucherzentrale Niedersachsen, Hannover, April 2007, S. 71

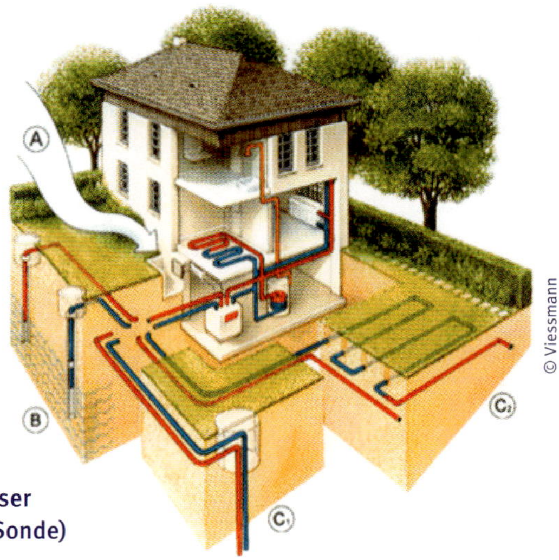

Alternative Wärmequellen:
A Wärmequelle Luft
B Wärmequelle Grundwasser
C_1 Wärmequelle Erdreich (Sonde)
C_2 Wärmequelle Erdreich (Erdwärmetauscher)

wir aus, denn erstens sollten zur Verringerung des sommerlichen Wärmeeintrags eher Dämm- oder Verschattungsmaßnahmen realisiert werden, und zweitens kommt das Thema zurzeit noch überwiegend im gewerblichen Bereich vor.

Als Faustregel kann gelten, dass für 100 Prozent Nutzwärme 25 Prozent Strom und 75 Prozent Umgebungswärme aufgewendet werden müssen. Dieses Verhältnis variiert je nach gewähltem System, örtlichen Gegebenheiten und Hersteller etwas, aber nicht nennenswert. Damit ist schon eine Kernaussage getroffen, die die Wärmepumpe aus dem Reich der puren erneuerbaren Energie verbannt. Insofern ist auch die völlige Unabhängigkeit von konventionellen Energieträgern und unseren vier großen Energieversorgern nicht gegeben. Dies trifft allerdings nur noch so lange zu, wie wir Atomkraft und Kohle zur Stromgewinnung einsetzen. Ein Ende ist in Sicht, bereits heute werden rund 15 Prozent des Stroms erneuerbar erzeugt. Natürlich wehren sich die Versorger und locken mit quersubventionierten Wärmepumpentarifen. Hierdurch erscheint der Betrieb einer Wärmepumpe für den Betreiber zunächst günstiger. Die Frage ist, was passiert, wenn sich erst einmal 100 000 Hausbesitzer für eine Wärmepumpe entschieden haben? Bleiben die Wärmepumpentarife dann immer noch bestehen? Haben die Berechungen zur Wirtschaftlichkeit dann noch Gültigkeit?

Wärmequelle Grundwasser

Wasser/Wasser-Wärmepumpen nutzen als Wärmequelle das Grundwasser. Problematisch ist hierbei die Verfügbarkeit. Entweder liegt das Grundwasser in unzureichender Menge oder Qualität vor, oder es ist nicht erlaubt, das Grundwasser zu nutzen. Der Betrieb einer solchen Anlage ist in jedem Fall genehmigungspflichtig. Die Genehmigung wird in der Regel vom Wasserwirtschaftsamt erteilt.

Vorteil dieser Pumpe ist die Temperatur des Grundwassers. Diese ändert sich im Verlauf des Jahres ab einer Tiefe von 30 Metern nicht mehr stark. Alle Wärmepumpen arbeiten am effektivsten, wenn der Temperaturunterschied zwischen Wärmequelle und Heizungsvorlauftemperatur gering ist. Deshalb sollte eine Wärmepumpe immer mit einer Flächenheizung (zum Beispiel Fußbodenheizung), bei der das Heizwasser höchstens 35 Grad Celsius warm ist, betrieben werden.

Vertikalkollektoren (auch Erdspieße genannt) bedienen Sole/Wasser-Wärmepumpen und sind der Renner bei den Wärmequellen, obwohl die Investitionskosten vergleichsweise hoch sind. Dafür liefert diese Wärmequelle sehr stabil und langfristig Wärme und Kälte, ohne von Störgrößen beeinflusst zu werden. Sogar ein Überbauen der in der Regel zwischen 50 und 100 m tiefen Sonde ist möglich, da diese Wärmetauscher die Energie nicht von der Sonne, sondern zum großen Teil aus dem Wärmestock der Erde beziehen. Sofern kein Platz für das Bohrgerät vorhanden ist oder es keine Zufahrt gibt, wird das Herstellen der Bohrlöcher schwierig (aber nicht unmöglich; Bohrunternehmen wissen Rat!).[23]

Der vertikale Kollektor (Erdspieß) benötigt weniger Platz als der Flächenkollektor, allerdings ist diese Variante anzeigepflichtig und muss unter Umständen von der Unteren Wasserbehörde genehmigt werden. Der Ertrag liegt je nach Bodenbeschaffenheit zwischen 30 und 100 Watt je Meter Tiefenbohrung. Sollte die mögliche Bohrtiefe nicht ausreichen, lassen sich auch mehrere Bohrungen kombinieren.

Alle Wärmepumpen arbeiten wie gesagt am effektivsten, wenn der Temperaturunterschied zwischen Wärmequelle und Heizungsvorlauftemperatur gering ist. Ist das Haus gut wärmegedämmt, sinken die Erschließungskosten der Wärmequelle, denn es muss weniger tief gebohrt werden, gleichzeitig kann die Vorlauftemperatur reduziert werden, und die Wärmepumpe arbeitet besonders effizient.

Sole/Wasser-Wärmepumpen können als Wärmequelle auch das oberflächennahe Erdreich nutzen. Hierzu wird ein horizontaler Kollektor von der zwei- bis dreifachen Größe der zu beheizenden Wohnfläche etwa ein bis zwei Meter tief im Erdreich eingegraben. Der horizontale Kollektor nutzt die Wärme, die dem Boden über Niederschläge und Sonneneinstrahlung zugeführt wird. Aus diesem Grund sollte die Kollektorfläche frei von Versiegelung sowie Verschattung sein. Werden später Bäume gepflanzt, kann dies wegen der Wurzelbildung ein Problem für den Kollektor darstellen.

---

[23] „Kleiner Wärmepumpen-Ratgeber, Bundesverband Wärmepumpe, www.waermepumpe.de

Luft/Wasser-Wärmepumpen nutzen als Wärmequelle die Umgebungsluft, das erspart kostenintensive Erdarbeiten. Großer Nachteil bei dieser Technik ist jedoch, dass die Temperaturdifferenz zwischen Wärmequelle und Heizungsvorlauftemperatur dann besonders hoch ist, wenn die Heizung benötigt wird. Für jede Kilowattstunde Wärmeleistung werden rund 0,33 kWh Strom benötigt.

So viel zu den unterschiedlichen Varianten dieser Technik. Wir möchten an dieser Stelle nun andere zu Wort kommen lassen: „‚Klimakiller im Schafspelz – Wärmepumpe kontraproduktiv statt regenerativ' … Betrachtet man nur die Anwenderseite, könnte man an eine wundervolle Energiespartechnik glauben: Aus einer Kilowattstunde elektrischer Energie werden zusammen mit der Umweltwärme aus Luft oder Wasser drei oder vier Kilowattstunden Heizenergie erzeugt. Dieser Faktor ist die sogenannte Jahresarbeitszahl. Allerdings ist dieser Gewinn bei der Herstellung von Strom im Kraftwerk bereits verloren gegangen. Nur etwa ein Drittel der dort eingesetzten Energie kommt an der Steckdose an, zwei Drittel werden als Abwärme an die Umwelt abgegeben und nur teilweise als Fernwärme genutzt."[24]

„Erdreich-Wärmepumpen sparen deutlich Primärenergie ein, Luft-Wärmepumpen sind kritisch zu bewerten", so das Ergebnis eines zweijährigen Feldversuchs veröffentlicht in der Fachzeitschrift „IKZ-Haustechnik" in Heft 8/2008. Weiter heißt es in der Auswertung des Versuchs: „Es gibt noch Verbesserungspotenzial in Sachen Wärmepumpe. Die Hersteller sind aufgefordert, ihre Komponenten und Systeme weiterhin zu optimieren. Planer und Handwerker müssen mehr als bisher das Gesamtsystem ‚Kaltquelle-Wärmepumpe-Wärmesenke' betrachten. Anlagen müssen bestmöglich ausgelegt und installiert wer-

[24] Pressemitteilung „Klimakiller in Schafspelz", Verbraucherzentrale Saarland, 26. April 2007

den. Der hydraulische Abgleich des Systems ist dabei ein Muss wie niedrige Vorlauftemperaturen im Rohrnetz. Diese Maßnahmen würden den Wärmepumpen einen deutlichen Umweltvorteil verschaffen."

Wenn Sie allerdings eine Flächenheizung (Wand- oder Fußbodenheizung) haben oder einbauen möchten, kann die Wärmepumpe für Sie die richtige Lösung sein. Der Vorteil bei dieser Kombination ist der geringe Unterschied zwischen Wärmequellen- und Heizungsvorlauftemperatur, das Heizen wird billiger. Das liegt daran, dass die Wärmepumpe weniger arbeiten muss und dadurch weniger Strom zieht. Auch beim Einsatz von Heizkörpern sind bis zu einer Vorlauftemperatur von circa 50 Grad alle Wärmepumpen technisch sinnvoll machbar. Allerdings wird die Effizienz der Anlage umso geringer, je kälter die Wärmequelle wird: Die Luft-Wasser-Wärmepumpe wird dann sehr häufig den Elektroheizstab als Zusatzheizung ansprechen; darunter leidet die Effizienz der Anlage.

Seit 2008 werden auch besonders effiziente Wärmepumpen vom BAFA gefördert. Der Zuschuss ist vom Anlagentyp (Wasser, Luft oder Sole) und von der Gebäudeart (Neubau oder Modernisierung) abhängig und kann pro Quadratmeter Wohn- oder Nutzfläche 5, 10 oder 20 Euro betragen. Wird der Einbau der Wärmepumpe mit einer Solaranlage kombiniert, erhöht sich die Förderung durch den sogenannten regenerativen Kombinationsbonus in Höhe von 750 Euro, siehe Kapitel Förderung.

Die Stromheizung – besser nicht

Als Wärmelieferant ist Strom die teuerste und unökologischste aller Möglichkeiten. Eine Stunde Strom zum Haushaltstarif ist etwa dreimal so teuer wie dieselbe Energiemenge aus Erdgas oder Heizöl. Eine Stromheizung sollte daher höchstens als Ergänzung in gut gedämmten

Passivhäusern oder in Häusern mit hervorragend geplanter und gebauter Wärmepumpe eingebaut werden.

Wenn man die komplette Wertschöpfungskette bei der Erzeugung von Strom betrachtet, wird der Unsinn einer Stromheizung deutlich. Strom ist eine wertvolle und teure Edelenergie, für deren Erzeugung zwei Drittel der eingesetzten Primärenergie ungenutzt verloren gehen. Dafür aber wird die Umwelt erheblich belastet. Die Abwärme der Atomkraftwerke heizt die Flüsse auf, das Ökosystem im Wasser wird dadurch empfindlich gestört.

Etwa zwei Millionen Stromdirektheizungen sind in Deutschland im Betrieb. Sie verbrauchen jährlich rund 20 Terawattstunden Strom. Das entspricht 13 Prozent des Gesamtstromverbrauchs in Deutschland.[25] Lange Zeit galt für Stromheizungen, die zu unterbrechen sind (Nachtspeicherheizung) und vor dem 1. April 1999 eingebaut wurden, der ermäßigte Steuersatz von 1,23 Cent pro Kilowattstunde. Seit Januar 2007 muss auch für diese Anlagen der volle Steuersatz von 2,05 Cent pro Kilowattstunde gezahlt werden. Sollten Sie sich von Ihrer Stromheizung verabschieden wollen und unsicher sein, welches Heizsystem das richtige für Sie ist, empfehlen wir die Rücksprache mit einem unabhängigen Energieberater.

[25] Heizen mit Strom – nur für Gutgläubige, Energie Depesche, Rheinbreitbach, September 2006, S. 26

Checkliste Heizung

- Wie alt ist die vorhandene Heizung?
- Ist eine Erneuerung oder Umrüstung von Komponenten ohnehin gesetzlich vorgeschrieben (EnEV)?
- Kann Brennwerttechnik genutzt werden?
- Kann von Einzelraumheizung auf Zentralheizung umgestellt werden?
- Ist die Umstellung von dezentraler auf zentrale Warmwasserbereitung sinnvoll?
- Besteht die Möglichkeit, das Gebäude an Nah- oder Fernwärme anzuschließen oder ein Blockheizkraftwerk (Klein-BHKW) zu installieren?
- Können die Änderungen an Heizung und Warmwasser gleich mit einer Solaranlage kombiniert werden?
- Soll die künftige Nutzung erneuerbarer Energien anlagentechnisch vorbereitet werden?
- Sind Verteilerleitungen für Heizung und warmwassergedämmt?
- Sind Armaturen, Schellen und Bögen gedämmt?
- Ist die Heizungspumpe richtig ausgelegt, wird sie auf kleinstmöglicher Leistungsstufe betrieben?
- Wurde der hydraulische Abgleich vorgenommen?

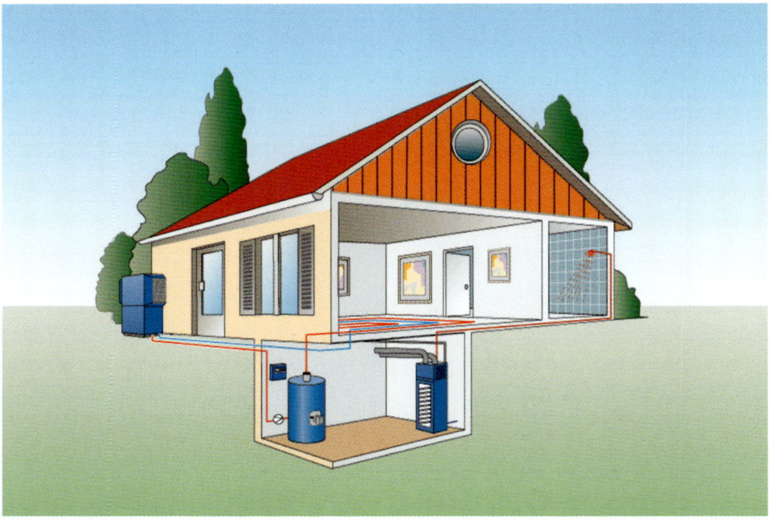

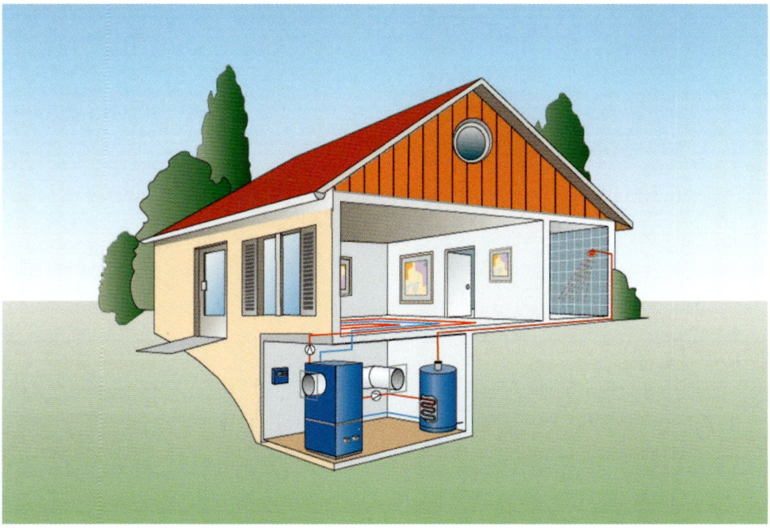

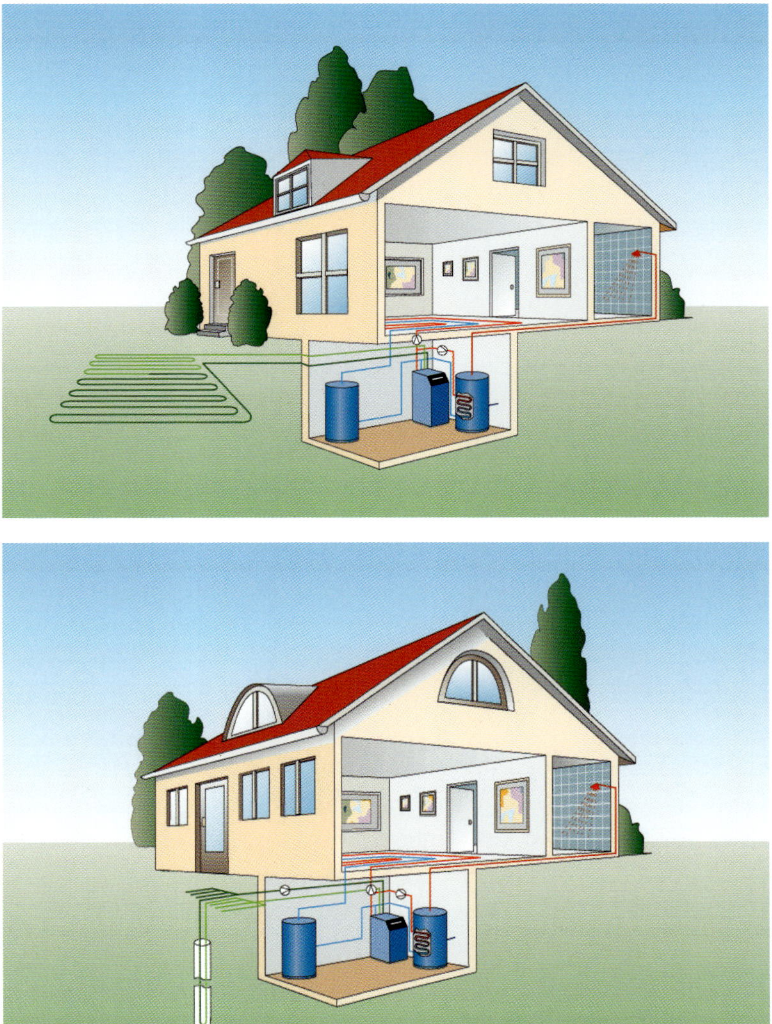

Verschiedene alternative Wärmequellen.

Die Sonne steigt uns aufs Dach

Die Sonne ist die einzige Energiequelle, die immer verfügbar ist und keine Schadstoffe verursacht. In sechs Monaten schickt die Sonne mehr Energie auf die Erde, als in allen Energiereserven (Kohle, Erdöl, Erdgas und Uran) gespeichert ist. Durch eine Stunde Sonnenschein könnte die Weltbevölkerung ein ganzes Jahr lang mit Energie versorgt werden.

Die Sonnenenergie machen sich auch in Deutschland immer mehr Haushalte zunutze. Selbst in unseren Breiten kann man mit Hilfe der Solarthermie nennenswerte Energiemengen gewinnen. Die Technik ist ausgereift, und es gibt staatliche Zuschüsse. Dabei spielt es keine große Rolle, ob man selbst Immobilienbesitzer ist oder zur Miete wohnt, denn Möglichkeiten gibt es für jeden. Sollten Sie zum Beispiel in einem Mehrfamilienhaus wohnen und alle Mieter wünschen eine Solaranlage auf dem Dach – sprechen Sie mit Ihrem Vermieter. Förderprogramme unterstützen diese Investition, und das Haus erfährt langfristig eine Aufwertung, die sich für alle rechnet.

Eine zweite Möglichkeit sind sogenannte Bürgerbeteiligungs-Anlagen. Diese Photovoltaikanlagen werden auf öffentlichen Gebäuden oder Flächen errichtet, und jeder Interessierte kann sich mit einer Einlage daran beteiligen. Die Laufzeit liegt bei etwa zehn bis zwanzig Jahren, es kann eine Rendite bis zu sechs Prozent erzielt werden. Teilweise werden diese Aktivitäten auch von den Kommunen unterstützt. Auch Solarfonds erfreuen sich zunehmender Beliebtheit. Durch den Kauf eines Anteils an einer größeren Solarstromanlage oder die Investition in einen Fonds kann jeder zum Solarstromerzeuger werden und von der attraktiven Einspeisevergütung profitieren.

Ein Vorteil der Beteiligung ist, dass Planung, Bau, Betrieb und Verwaltung professionell durchgeführt werden, wodurch der Investor Zeit und Arbeit spart. Solarstromanlagen arbeiten sehr zuverlässig, und man kann ihre Erträge gut vorhersagen. Natürlich bleibt wie bei jedem Investment ein Risiko. Gründliche Prüfung ist deshalb unbedingt notwenig. Unter: www.solarfonds-ratgeber.de finden Sie Qualitätskriterien zur Bewertung der Ertragsaussichten.

Man unterscheidet also bei der Solarenergienutzung zwischen thermischen Solaranlagen für die direkte Einsparung von Heizkosten und Photovoltaikanlagen zur Stromerzeugung. Der erzeugte Solarstrom wird in das öffentliche Netz eingespeist und höher als der bezogene Strom vergütet. Bei thermischen Solaranlagen spricht man von Kollektoren und bei Photovoltaikanlagen von Solarmodulen auf dem Dach.

Sonne bringt das Wasser zum Kochen

Grundsätzlich liefert die Sonne Wärme, mit dem Wasser erhitzt wird (Solarthermie), und Licht, das in Strom umgewandelt werden kann (Photovoltaik). Darüber hinaus lässt sich das von der Solaranlage erhitzte Wasser natürlich auch zur Heizungsunterstützung (thermische Solaranlage) verwenden. In diesem Kapitel werden wir Ihnen Informationen über die Solaranlage mit und ohne Heizungsunterstützung geben.

Eine wichtige Anmerkung wollen wir noch voranstellen: Egal, ob Sie mit einer thermischen Solaranlage oder mit einer Photovoltaikanlage liebäugeln – entscheidend ist das Gesamtkonzept für Ihre Immobilie. Wenn Ihr Haus bestens gedämmt ist, Fenster und Heizungsanlage neu sind, dann kommen für Ihr Dach sogar beide Systeme in Betracht. Bei einem sanierungsbedürftigen Haus stellt sich jedoch die Frage, ob nicht besser an einer anderen Stelle mit Energiesparmaßnahmen begonnen wird. Schaffen Sie keine Solaranlage an, nur weil Ihr Nachbar eine hat. Sollen mehrere Energiesparmaßnahmen durchgeführt werden, sind die finanziellen Mittel in der Regel begrenzt. Wer, was, wann und wie viel? – auch bei diesen Fragen ist ein Energieberater der richtige Ansprechpartner. Eine Ist-Analyse als Ausgangsbasis und aufeinander abgestimmte Maßnahmen: Das ist die Vorgehensweise der Energieberater.

Das Interesse der Hausbesitzer an einer zukunftsfähigen Wärmeversorgung ihres Hauses ist stark gestiegen, sind doch heute die „Nebenkosten" gar keine mehr – der Ausdruck „zweite Miete" trifft inzwischen viel eher zu. Warum sollte man Öl, Gas oder Strom vergeuden, wenn die Sonne kostenlos heizt und dabei noch Geld gespart wird? So rückt der Heizenergieverbrauch eines Hauses oder einer Wohnung immer mehr in den Mittelpunkt. Dies zu Recht, denn er verursacht knapp 80 Prozent der Kosten für Heizöl, Erdgas oder Fernwärme.

Überschätzt wird häufig der Verbrauch für die Warmwasserbereitung, dieser liegt im Durchschnitt nur bei rund zwölf Prozent. Der Rest ist dem Stromverbrauch geschuldet. Mit einer Solaranlage zur Warmwasserbereitung und einer Deckungsrate von 60 Prozent lässt sich daher der Gesamtenergieverbrauch nur um rund sieben Prozent reduzieren. Bei einer heizungsunterstützenden Solaranlage sind bei gut gedämmten Häusern auch schon mal 50 Prozent an Einsparung möglich. An dieser Stelle wollen wir dem Vorurteil „Solarenergie rechnet sich nur in Afrika" begegnen. Auch in Deutschland scheint die Sonne, und nicht zu knapp. Auf einen Quadratmeter Dachfläche gelangen über das Jahr rund 1000 kWh Solarenergie, was einer Menge von 100 Litern Heizöl entspricht! Davon können wir 40 Liter nutzen. 10 Quadratmeter Kollektorfläche entsprechen also immerhin 400 Liter Heizöl.

So arbeitet eine thermische Solaranlage

Das Herz der Anlage ist der Kollektor. In ihm befindet sich der Absorber, der die Sonnenstrahlen in Wärme umwandelt. Der Absorber gibt die Solarwärme an die Röhrchen ab, durch die die Wärmeträgerflüssigkeit fließt.

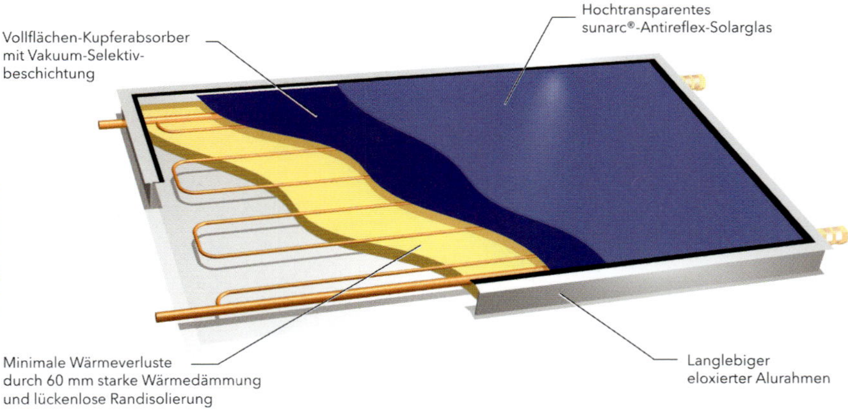

© wagner-solar.com

Flachkollektor

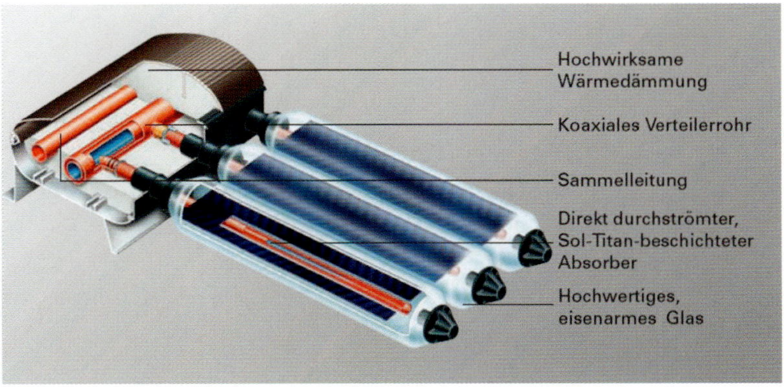

© Viessmann

Röhrenkollektor

Die Solarleitung, die meist aus Kupferrohr besteht, verbindet den Kollektor mit dem Solarspeicher. Scheint die Sonne, setzt die Regelung die Pumpe und damit den Kreislauf in Bewegung, und die Wärmeträgerflüssigkeit transportiert die Wärme in den Solarspeicher. Diese Flüssigkeit ist frostsicher, so dass im Winter keine Schäden entstehen. Im unteren Teil des Solarspeichers befindet sich der Solar-Wärmetauscher, der die Solarwärme an das Trink- oder Heizwasser abgibt. Reicht die Sonne nicht aus, wird der obere Teil des Speichers mit dem Heizkessel über den zweiten Wärmetauscher erwärmt. Die Solaranlage kann weiterhin Wärme einspeisen, sobald die Sonne scheint.

Kombispeicher machen es möglich, mit Solarenergie zu heizen. In dem mit Heizwasser gefüllten Speicher ist ein kleinerer Trinkwasser-Speicher eingebaut (Tank-in-Tank-Prinzip). Die Solarenergie er-

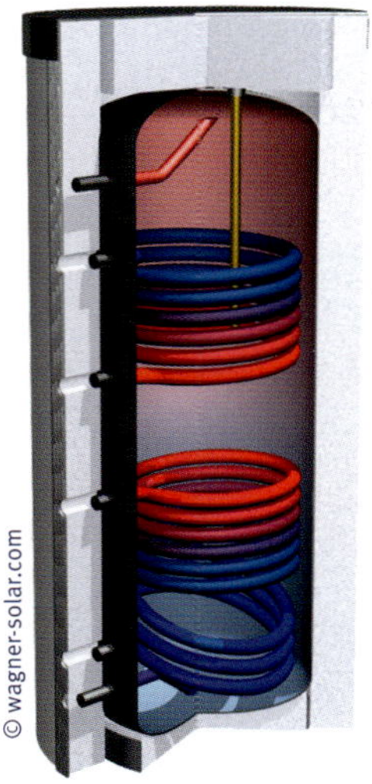

Bivalenter Solarspeicher zur Warmwasserbereitung.

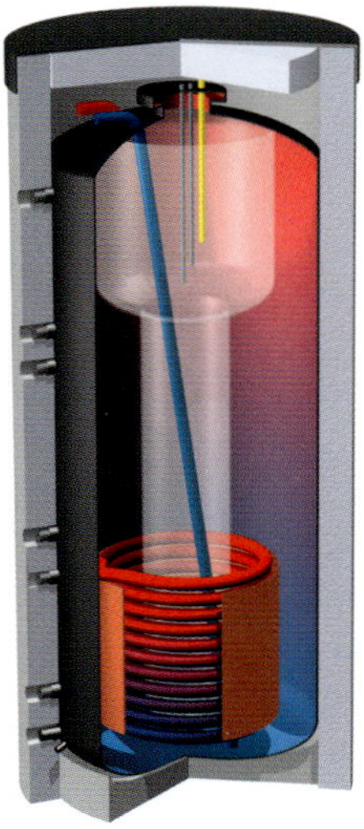

Kombispeicher zur Warmwasserbereitung und Heizungsunterstützung.

wärmt das Heizwasser, das wiederum die Wärme an das Trinkwasser abgibt. Das solar erwärmte Heizwasser wird bei Bedarf durch den Heizkreis gepumpt und heizt die Räume. Auch bei den Solarspeichern gibt es unterschiedliche Bauarten. Neben Pufferspeichern und Schichtenladespeichern sind dies bivalante Solarspeicher und Solar-Kombispeicher (siehe Abb. linke Seite).

Was Sie beachten sollten:

Für die optimale Wirkung sollte die Kollektorfläche in einem Winkel von 30 Grad bis 50 Grad auf dem Dach montiert sein. Die exakte Südausrichtung ist natürlich am besten, allerdings sprechen die Ertragseinbußen bei reinen West- und Ostausrichtungen auch nicht gerade gegen eine Solaranlage. Es können immerhin noch 80 Prozent an Ertrag gegenüber einer Südausrichtung erzielt werden. Mit einem Flachkollektor mehr oder dem Einsatz des etwas ertragstärkeren Vakuumröhrenkollektors ist der kleine Nachteil bereits wieder wettgemacht. Auch die Verschattung zu bestimmten Jahreszeiten oder bei kleineren Teilflächen spielt bei thermischen Solaranlagen eine eher untergeordnete Rolle; bei Solaranlagen zur Stromgewinnung sollte jedoch genau darauf geachtet werden.

Die Größe der Kollektorfläche ist u. a. abhängig von der Anzahl der Hausbewohner. In einem Vier-Personen-Haushalt sollte eine Solaranlage zur Trinkwassererwärmung etwa sechs Quadratmeter Flachkollektorfläche oder fünf Quadratmeter Vakuumröhren-Kollektorfläche haben. Die Solarspeichergröße liegt bei 300 Litern. Entscheiden Sie sich für eine Anlage mit Heizungsunterstützung, werden bei Flachkollektoren Dachflächen ab neun, bei Vakuumröhren ab sieben Quadratmetern benötigt. Der Speicher muss dann mindestens 500 Liter fassen. Übrigens: Auch der Speicher muss außen gut gedämmt sein, die gewonnene Wärme soll ja nicht ungenutzt verloren gehen.

Die Kosten für eine Trinkwasseranlage, ausgelegt auf fünf Quadratmeter, liegen zwischen 4.000 und 6.000 Euro inklusive Montage. Bei einer Kombianlage bewegen sich Preise zwischen 10.000 und 15.000 Euro. Beide Varianten werden finanziell gefördert. Alle zwei Jahre sollte die Anlage vom Heizungsbauer gewartet werden, vor allem das Frostschutzmittel und die Einstellungen des Reglers sind zu kontrollieren. Eine Solaranlage ist eine mittlerweile absolut ausgereifte Technik; wie bei Ihrem Auto ist aber auch bei einer Solaranlage nicht auszuschließen, dass eine Fehlfunktion auftritt. Damit Sie Ihnen über Jahrzehnte die prognostizierte Einsparung erwirtschaftet, sollte daher eine Ertragsanzeige an gut sichtbarer Stelle platziert werden.

Es gibt zwei Möglichkeiten des Einbaus der Kollektoren – einmal auf dem Dach oder aber die Indachmontage. Bei einem Haus im Bestand werden die Kollektoren in der Regel oberhalb der Ziegel auf Halterungen montiert, das ist die einfachere Methode. Bei der Indachmontage sind die Kollektoren Teil der Dachabdeckung, was meist besser aussieht. Darüber hinaus sind Kollektoren und Anschlüsse im Winter besser gegen Wärmeverluste geschützt.

Die Installation dauert etwas zwei Tage. Sie ist nur bei denkmalgeschützten Bauten genehmigungspflichtig. Die Solarleitung wird vom Dach in den Keller verlegt. Diese Leitung kann durch einen stillgelegten Kamin oder einen vorhandenen Schacht verlaufen, d. h., es muss nicht, wie so oft vermutet, jede Geschossdecke durchbohrt werden. In der Regel gibt es in den Wohnungen weder Staub noch Dreck. Im Keller erfolgt der Anschluss an den Solarspeicher und die Regelung. Verbunden wird dann alles mit der bestehenden Heizung.

Legionellen im Trinkwasser – auf die Temperatur kommt es an

Das Thema Legionellen hält sich im Zusammenhang mit der Warmwasserbereitung hartnäckig in den Medien. Dabei sind diese Keime in geringer Konzentration unproblematisch. Bei Temperaturen von mindestens 60 Grad werden sie abgetötet. Bei Temperaturen um die 40 Grad vermehren sie sich. In Ein- und Zweifamilienhäusern besteht kaum eine Gesundheitsgefährdung, da die Temperaturen im oberen Bereich des Solarspeichers oft über 50 Grad liegen und das Wasser nur kurz im Speicher verbleibt. Moderne Heizungsregelungen heizen mindestens einmal pro Tag das gesamte Wasser auf 60 Grad auf und merken, wenn dies bereits von der Solaranlage übernommen wurde. Somit besteht kein Risiko.

Mitte 2008 hat Stiftung Warentest thermische Solaranlagen getestet. Als Sieger gingen hervor: von Wagner & Co Solartechnik das Gerät Topline-Solarpaket BW 480plus AD (rund 3.700 Euro) und von Viessmann das Solarsystem mit Vitosol 200-F SV für 3.760 Euro.[26]

Der Einbau einer thermische Solaranlage wird vom BAFA gefördert, heizungsunterstützende Solaranlagen erhalten eine höhere Förderung als zum Beispiel reine Brauchwasseranlagen. Wird dazu der alte Kessel ausgetauscht, wird eine weitere Förderung gewährt. Mehr zur staatlichen Zuschüssen finden Sie im Kapital Förderung.

---

[26] Stiftung Warentest, Sonderheft „Energie", Berlin, 2008, S. 85ff.

Das Vorschaltgerät – kleiner Kasten, großer Nutzen?

Das Wasser, das durch die thermische Solaranlage erhitzt wird, kann natürlich auch für den Geschirrspüler oder die Waschmaschine genutzt werden. Das Waschmaschinenvorschaltgerät dient zur geregelten Einspeisung vom warmen Wasser in die Waschmaschine. Es ist mit einem Warm- und Kaltwasseranschluss und einem Temperaturwahlschalter ausgestattet.

Den größten Teil des elektrischen Stroms verbrauchen Waschmaschinen für das Aufheizen des Waschwassers. Mit dem Vorschaltgerät können Sie die Waschmaschine einfach an die Warmwasserleitung anschließen. Dieses Wasser wird durch die Solaranlage erhitzt. Das Gerät wird mit Dübeln an der Wand, in Griffhöhe oberhalb der Waschmaschine befestigt. Danach werden die Schläuche an Zapfhähne mit Rückflussverhinderer und Rohrbelüfter angeschlossen. Die Bedienung ist einfach. Es muss nur die Temperatur zum entsprechenden Waschgang eingestellt werden. Schließen Sie das Gerät auch an eine einzeln zu schaltende Steckerleiste an, nur so ist nach dem Ausschalten die Trennung vom Netz wirklich sichergestellt. Auch Waschmaschinenvorschaltgeräte haben einen geringen Stand-by-Verbrauch!

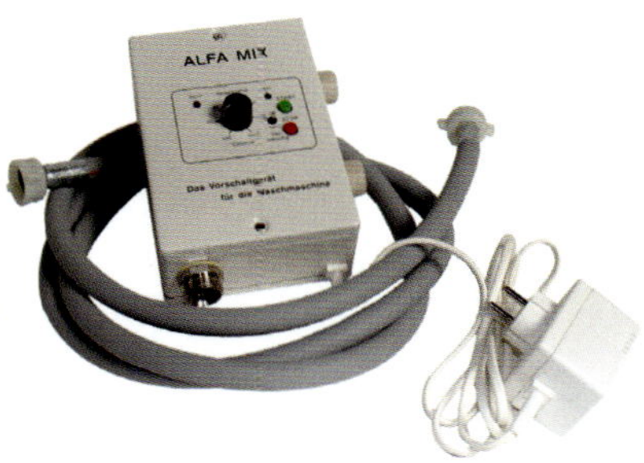

Vorschaltgerät ALFAMIX.

Wir haben selbst zwei Vorschaltgeräte für zwei unterschiedliche Waschmaschinen im Betrieb bei 40 Grad, ohne Vorwäsche, durchgemessen. Bei Maschinen, die zwanzig Jahre oder älter sind, ist die Stromersparnis kaum der Rede wert. Das liegt daran, dass die Waschmaschinenprogramme noch über eine geregelte Zeitschaltuhr gesteuert werden. Die Maschine registriert sozusagen nicht, dass sie schon erhitztes Wasser bekommt. Der eingebaute Heizstab arbeitet trotzdem auf Hochtouren. Moderne Geräte dagegen haben einen Temperaturfühler und profitieren dadurch vom Vorschaltgerät. Allerdings nicht annähernd so stark, wie wir vermutet hatten. Die Stromersparnis liegt je nach Heizungstechnik zwischen 9 Euro und 14 Euro im Jahr, bei angenommenen 180 Waschgängen. Dagegen stehen die Anschaffungskosten für das Vorschaltgerät. Diese liegen zwischen 180 Euro und 210 Euro.

Photovoltaik statt Atomstrom

Solarenergie ist eine interessante Stromquelle, denn die Solarzellen wandeln Sonnenlicht in Strom um. Und das ohne Verschleiß und Umweltbelastung. Die Energie, die zur Herstellung benötigt wird, hat sich nach weniger als fünf Jahren amortisiert. Durch Solarstrom wird man unabhängig von Energieimporten und unterstützt dabei noch die regionale Wirtschaft, weil die Finanzmittel in die heimische Produktion gesteckt und die ortsansässigen Handwerker engagiert werden.

Die Photovoltaik gewinnt in Deutschland immer mehr Anhänger, was natürlich auch an der Einspeisevergütung liegt. Zurzeit werden für Anlagen auf dem Dach pro eingespeiste Kilowattstunde Solarstrom 46,75 Cent erstattet. Rund 430 000 Anlagen mit einer Leistung von insgesamt 3 800 Megawatt sind in Deutschland in Betrieb. Somit konnte 2007 0,6 Prozent des Strombedarfs durch die Sonne gedeckt werden. Deutschland ist damit weltweiter Spitzenreiter. Die Branche rechnet bei uns langfristig mit einer Deckung von 30 Prozent.

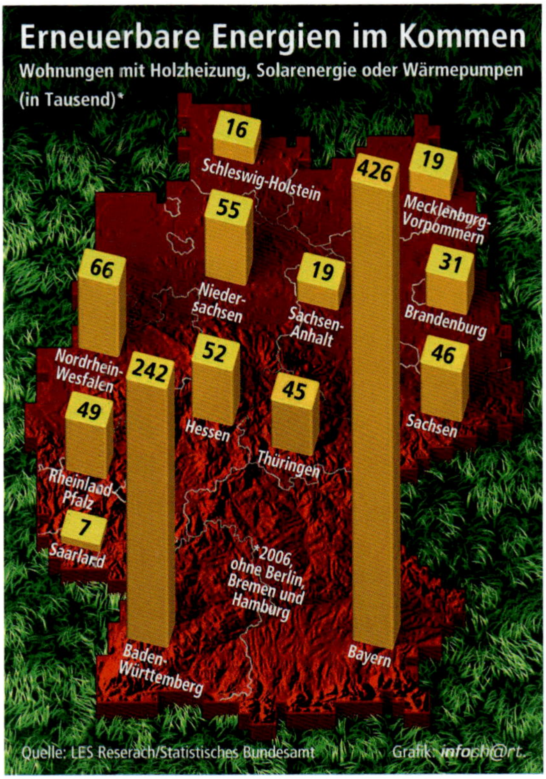

Der Aufstieg der Photovoltaikbranche begann nach Inkrafttreten des EEG im Jahr 2000. Die gesetzlich vorgeschriebene Einspeisevergütung macht eine Photovoltaikanlage für Privathaushalte ebenso rentabel wie für Firmen. Und das ohne großen Aufwand: Der auf meinem Dach produzierte Strom wird ins öffentliche Netz eingespeist. Ich erhalte dafür von meinem Energieversorger – und nicht vom Staat – rund 46 Cent pro Kilowattstunde, und das über eine feste Laufzeit von zwanzig Jahren. Im Gegenzug beziehe ich meinen Strom aus dem öffentlichen Netz und bezahle rund 20 Cent pro Kilowattstunde. Darüber hinaus kann jeder zu einem Öko-Strom-Anbieter wechseln und dadurch einen doppelten Beitrag zum Klimaschutz leisten.

So arbeitet eine Photovoltaikanlage

Die Solarzellen sind das Herzstück einer Anlage. Sie basieren auf der Halbleitertechnik: Bei Sonneneinstrahlung entstehen zwischen unterschiedlich konstruierten Materialien und Flächen Spannung und Gleichstrom. Rund 90 Prozent der Solarzellen sind auf hochreinen und dünnen Scheiben aus kristallinem Silizium aufgebaut, die auch für Leiterplatten in Computern genutzt werden. Silizium ist das zweithäufigste Element der Welt und praktisch unbegrenzt verfügbar. Zum Beispiel besteht Sand aus Silizium-Verbindungen.[27]

Die Stromstärke steigt, je stärker die Sonnenstrahlung auf die Solarzellen fällt. Trotzdem wird auch an Tagen mit bedecktem Himmel Strom erzeugt. Die Solarzellen werden in den Modulen verschaltet und wetterfest verpackt. Die Module sind in Größe, Leistung und Form unterschiedlich. Je nach Anlagentyp werden sie in Serie oder parallel verschaltet. Dementsprechend entwickeln sich unterschiedliche Spannungen und Ströme.

Der Gleichstrom der Solarmodule wird über spezielle Solarkabel zum Wechselrichter transportiert und dort in Wechselstrom umgewandelt. Der Wechselrichter überwacht die Anlage und sorgt dafür, dass die Module den höchstmöglichen Ertrag bringen. Darüber hinaus misst er die Solarstrommenge und kann sämtliche erhobenen Daten über Modem oder andere Schnittstellen zur Fernüberwachung weiterleiten. Natürlich muss noch ein Einspeisezähler installiert werden. Der dient der Kontrolle darüber, wie viel Strom ins Netz eingespeist wurde. Diese Solarstrommenge wird ja vom Netzbetreiber vergütet.

[27] Der Klima-Knigge, Rainer Grießhammer, Booklett, Brodersen & Co. GmbH, Berlin 2007, S. 176

© wagner-solar.com

Die Leistung von Photovoltaikanlagen wird anders als bei Staubsaugern oder Heizkesseln angegeben. Neben dem „W“ (Watt) oder „kW“ (Kilowatt) findet sich noch „p“. Es steht für „peak“ und weist die Maximalleistung unter standardisierten Testbedingungen aus. Je höher der Wirkungsgrad der Module, desto kleiner ist die benötigte Fläche für die Installation eines kWp. Pro kWp werden 7 bis 10 m^2 Dachfläche benötigt. Mit dieser Fläche lässt sich dann ein jährlicher Ertrag von rund 875 kWh/kWp erzielen. Hierfür gibt es vom Stromversorger 410 Euro, sofern die Photovoltaikanlage noch im Jahr 2008 angeschlossen wird. Danach sinkt die Einspeisevergütung ein wenig. Bei Gesamtkosten von 4.500 €/kWp inkl. Montage hat sich die Anlage in 11 bis 20 Jahren bezahlt gemacht. Über die Lebensdauer der Photovoltaikmodule braucht man sich keine Gedanken zu machen, sie halten heute über 30 Jahre lang. Alleine die Hersteller guter Module geben Leistungsgarantien von bis zu 25 Jahren auf 80 Prozent der Ausgangsleitung. Der Wechselrichter muss meist nach 10 bis 15 Jahren ausgetauscht werden.

Oftmals wird der ökologische Nutzen der Photovoltaik in Frage gestellt. Das ist allerdings nicht angebracht. Je nach Anlagentyp erzeugt die Solarstromanlage in eineinhalb bis vier Jahren so viel Energie, wie zu ihrer Herstellung aufgewandt wurde. Wird Strom hingegen mit Kohle oder Erdgas erzeugt, tritt niemals eine energetische Amortisation ein; die CO_2-Bilanz ist im Gegensatz zu Photovoltaikanlagen und anderen erneuerbaren Energien immer negativ.

Nach so viel Technik informieren wir Sie nun darüber, wie Sie Ihre Anlage versichern sollten, ob Umsatzsteuer anfällt und wie die Abschreibung funktioniert. Durch eine Haftpflichtversicherung sind Schäden, die durch den Betrieb der Anlage entstehen können, abgedeckt. Auf der sicheren Seite sind Sie allerdings, wenn Sie sich das von Ihrer Versicherung schriftlich bestätigen lassen. Wird die Photovoltaikanlage auf einem gemieteten Dach installiert, muss unbedingt eine Betreiberhaftpflicht abgeschlossen werden.

Die Allgefahrenversicherung deckt alle Sachschäden ab, die durch Hagel, Sturm, Blitzschlag oder Brand, Diebstahl, Vandalismus oder Überspannung entstehen können. Man sollte darauf achten, dass im Schadensfall auch entstehende Nebenkosten, wie zum Beispiel Gerüstbau, Aufräum- und Bergungsarbeiten, abgedeckt sind. Die Versicherungssumme umfasst normalerweise alle Kosten, die zur Erstellung einer Anlage im Neuzustand erforderlich sind, also auch Montage, Fracht und Zölle. In der Regel wird zum Neuwert erstattet.

Produziert die Photovoltaikanlage wegen eines Schadens keinen Strom, ersetzt die Ertragsausfallversicherung den entgangenen Ertrag. Dies geschieht in Form einer Pauschale, die für jeden Tag, an dem die Anlage nicht arbeitet, meist ein Euro pro Kilowattstunde in den Wintermonaten und zwei Euro in den Sommermonaten beträgt.

Eine kurze Anmerkung zum steuerlichen Aspekt der Photovoltaik. Eine Photovoltaikanlage kann grundsätzlich linear bei der Steuer abgeschrieben werden. Das bedeutet, dass Sie über eine Laufzeit von 20 Jahren pro Jahr fünf Prozent abschreiben können. Wer eine Photovoltaikanlage betreibt und den erzeugten Strom ins Netz einspeist, ist Kraftwerksbetreiber und damit Unternehmer, denn es werden regelmäßige Einnahmen aus der Stromerzeugung erzielt.

Die häufig gestellte Frage, ob für den Betrieb der Anlage ein Gewerbe angemeldet werden muss, lässt sich pauschal nicht beantworten. Entscheidend ist dabei die Gewinnschwelle, die das Bundesfinanzministerium auf fünf Kilowatt festgesetzt hat. Innerhalb Deutschlands wird diese Frage allerdings sehr unterschiedlich behandelt. Wir raten von einer vorschnellen Gewerbeanmeldung ab. Fragen Sie bei Ihrem zuständigen Finanzamt nach, und erkundigen Sie sich beim Steuerberater.

Die durch den Stromverkauf erzielten Einnahmen unterliegen der Einkommenssteuer. Natürlich werden die Ausgaben, zum Beispiel Anschaffungskosten, Versicherungen, Zählermiete, Steuerberatung u. a., gegengerechnet. Die Umsatzsteuer können Sie sich vom Finanzamt erstatten lassen, d. h., es fällt keine Gewerbesteuer an. Die Umsatzsteuererklärung muss in den beiden ersten Jahren des Anlagenbetriebs monatlich abgegeben werden. Auch hier lohnt die Rücksprache mit dem Finanzamt, eventuell ist ein anderer Modus möglich.

Stand-by muss nicht sein

Der billigste Strom ist der, den man nicht verbraucht. So einfach kann Sparen sein. Und jeder kann mitmachen. Sie können zum Beispiel auf die Stand-by-Einstellung bei Ihren Elektrogeräten verzichten. Nicht spektakulär, aber sehr wirkungsvoll und ohne Aufwand umzusetzen. Allein in Deutschland könnten damit Stromkosten von vier Milliarden Euro im Jahr eingespart werden, das entspricht rund 21 Milliarden Kilowattstunden! Und das ohne großen Komfortverlust.

Grundsätzlich raten wir zur Anschaffung von einzeln abschaltbaren Steckerleisten. Nur dadurch ist gewährleistet, dass tatsächlich kein Strom mehr fließt. Viele Tests belegen nämlich, dass auch Elektrogeräte, die ausgeschaltet sind, noch Strom aus dem Netz beziehen. Da hilft nur, den Stecker zu ziehen, oder eben solch eine Steckerleiste. Wer es genau wissen möchte, kauft sich ein Energiekostenmessgerät. Allerdings sollte dabei auf Qualität geachtet werden, weil Messgeräte unter 25 Euro oftmals gar nicht in der Lage sind, Stand-by-Verbrauch zu messen.

Passives und aktives Stand-by

Beim passiven Stand-by ist das Gerät in Bereitschaft (ein Kontrolllämpchen leuchtet) und kann mit der Fernbedienung sofort eingeschaltet werden. Beim aktiven Stand-by ist das Gerät ebenfalls in Bereitschaft, verarbeitet aber im Hintergrund noch Signale, zum Beispiel Updates vom elektronischen TV-Programm. Bei manchen Geräten dient der Stand-by-Modus dazu, gespeicherte Funktionen zu erhalten. Bei Kleingeräten sparen sich die Hersteller einfach die Montagekosten für die Netzschalter. Beim Kauf eines Fernsehers sollten Sie darauf achten, dass Sie ein Gerät nehmen, dessen Stand-by-Leistung unter einem Watt liegt.

Ein deutscher Haushalt hat im Durchschnitt einen Stand-by-Verbrauch von etwa 500 kWh. Das bedeutet, dass man mehrere Geräte mit einer Stand-by-Leistung von insgesamt 57 Watt hat. Wenn Sie mit dem Strommessgerät die Stand-by-Leistung aller Geräte untersuchen, werden Sie feststellen: Der Festplattenrecorder hat schon 30 Watt, die Stereoanlage 20 Watt, das Faxgerät 15 Watt, der PC-Lautsprecher 10 Watt, der Tintenstrahldrucker 10 Watt, der Scanner 15 Watt, das TV-Gerät mit aktivem Stand-by 30 Watt, die Telefonanlage 5 Watt, der Anrufbeantworter 5 Watt. Sollten die Kinder noch zu Hause wohnen, dann hat vielleicht jedes einen eigenen PC, einen eigenen Drucker … So kommen schnell 100 Euro im Jahr zusammen.

Die Warmwasser-Zirkulationspumpe zieht Strom

Sie betätigen den Duschhahn auf und haben sofort heißes Wasser. Dafür verantwortlich ist die Warmwasser-Zirkulationspumpe der zentralen Warmwasser-Versorgung im Keller. In einem Ein- bis Zweifamilienhaus ist sie häufig nicht nötig, da die „Wasser-Wege“ recht kurz sind. Sie können diese Pumpe, die permanent Strom benötigt, ohne großen Komfortverlust vom Netz nehmen. Sollte ihre Pumpe über die Heizungsregelung steuerbar sein, reduzieren Sie die Einschaltzeiten so weit wie möglich. Wer benötigt schon 24 Stunden ab dem ersten Wassertropfen heißes Wasser? Der Heizungsbauer kann alternativ eine Zirkulationspumpe mit Timer und Thermostat einbauen. Die Pumpe sollte der Energieeffizienzklasse „A“ angehören.

Wir möchten Ihnen auf keinen Fall den Komfort vermiesen, wir sind selbst gut ausgestattet mit Elektrogeräten, auch im Jugendzimmer. Wir möchten aufzeigen, dass Komfort und Einsparung kein Widerspruch sein müssen. Wussten Sie zum Beispiel, dass ein Notebook 70 Prozent weniger Strom braucht als ein Rechner? Dass der bunte, bewegte Bildschirmschoner mehr Strom braucht als ein schwarzer? Und nun zu der Deutschen zweitliebstes Kind – dem Fernsehgerät. Die alten Röhrengeräte aus den 70er Jahren waren noch mit 70 Watt zufrieden. Plasmafernseher und LCD-Geräte brauchen zwischen 200 und 800 Watt.

Ein Tipp für alle, die sich neue Elektrogeräte anschaffen möchten. Das renommierte Öko-Institut in Freiburg hat eine Website erstellt, auf der empfehlenswerte Geräte zu finden sind: www.ecotopten.de. Die Deutsche Energie Agentur (DENA) informiert unter www.office-topten.de über Effizienz bei Bürogeräten. Orientieren kann man sich bei Haushaltsgeräten am Euro-Label. Die Skala reicht von „A“ bis „G“ (ganz schlechte Effizienz). 2004 wurde sie um „A+“ und „A++“ erweitert.

Diese Bewertungen gelten für Kühl- und Gefrierschränke, bei Waschmaschinen hat die Branche ein „A+" eingeführt. So genügt es heute bei den meisten Geräten nicht mehr, bei der Energieeffizienz nur auf das „A" zu schauen. Bei Kühlgeräten sollte man sich möglichst für „A++" entscheiden. Bei Waschmaschinen kommt es neben dem „A+" auch auf die Waschwirkung, die Schleuderleistung sowie auf die Wäscheschonung und die Langlebigkeit an. Für empfindliche Menschen ist es auch wichtig, wie gut das Waschmittel ausgespült wird, was der Wasserverbrauch andeuten kann. Hierfür fehlen aber bisher genormte Angaben.

Waschmaschine und Wäschetrockner – Vorsicht vor Stromfressern

Für beide Geräte gilt: Es sollte Energieeffizienzklasse „A" für Trockner und „A+" für Waschmaschinen sein. Diese Maschinen sind in der Anschaffung teurer, sparen aber über die Laufzeit enorm Energie und Wasser ein. Eine heute übliche Waschmaschine braucht gut ein Drittel weniger Strom und nur halb so viel Wasser wie ein Gerät von 1990. Das Nutzerverhalten spielt auch hier eine große Rolle. Die Maschinen sollten immer voll beladen sein, normal verschmutzte Wäsche muss nicht bei 95 Grad gewaschen werden, 60 Grad reichen. Reduziert man die Waschtemperatur von 95 auf 60 Grad, wird der Stromverbrauch um die Hälfte verringert. Wählt man 40 statt 60 Grad, halbiert sich der Energieverbrauch nochmals.

Gutes Vorschleudern ist schon „die halbe Miete" beim Wäschetrockner. Auf dem Markt gibt es heute schon effiziente sogenannte Wärmepumpen-Trockner und Gastrockner, Letzere setzen natürlich den Gasanschluss voraus. Wer auf die elektrische Version nicht verzichten möchte, sollte einen Ablufttrockner wählen. Die feuchte Luft wird über einen Schlauch nach draußen geleitet. Diese Technik braucht rund zehn Prozent weniger Strom als ein Kondensationstrockner.

Kühlschrank und Gefriertruhe sind Dauerläufer

Auf den Stromverbrauch von Kühlschrank und Gefriergeräten wirken sich mehrere Faktoren aus: die Gefriertechnik, die Wärmedämmung des Gehäuses, die Effizienz des Kälteaggregats, die Umgebungswärme am Standort und die Art der Nutzung. Je kühler der Ort ist, wo sie aufgestellt sind, desto geringer ist grundsätzlich der Stromverbrauch. Man sollte aber die Klimaklasse des Gerätes beachten. Geräte der Klimaklasse SN (subnormal) eignen sich für Umgebungstemperaturen von 10 Grad bis 32 Grad, also auch für Keller. Geräte der Klimaklasse N (normal) mögen Temperaturen von 16 Grad bis 32 Grad, das sind zum Beispiel normale Küchen. Ist der Aufstellort noch wärmer, können Klimaklasse ST (subtropisch) mit Umgebungstemperaturen von +18 Grad bis +38 Grad oder Klimaklasse T (tropisch) +18 Grad bis +43 Grad sinnvoll sein.

Bei zu kalten Umgebungstemperaturen kann der Geräte-Thermostat unkorrekt arbeiten. Bei zu hoher Umgebungstemperatur nimmt der Stromverbrauch stark zu, und es kann evtl. die gewünschte Innentemperatur nicht eingehalten oder das Gerät überlastet werden. Aufstellplätze neben Herd, Spülmaschine, Heizung oder mit direkter Sonneneinstrahlung sind daher ungünstig. Wichtig ist auch, dass viel Luft an die wärmetauschenden Flächen des Gerätes gelangen kann, die meist hinten, manchmal auch seitlich liegen.

Dafür müssen ausreichend große Lüftungsöffnungen vorhanden sein und freigehalten werden. Den nutzungsbedingten Stromverbrauch kann man dadurch gering halten, dass man die Tür möglichst selten öffnet, nicht unnötig offen stehen lässt und Speisen erst nach dem Abkühlen in das Gerät hineinstellt. Dadurch gelangt auch weniger feuchtwarme Raumluft bzw. Wasserdampf in das Gerät, so dass seltener abgetaut werden muss.

„Es werde Licht“

Licht ist wichtig, Licht erzeugt Stimmungen, ohne Licht wären wir geradezu aufgeschmissen. Zum Glück gibt es auch bei Lampen ein enormes Einsparpotenzial. Eine gewöhnliche 60-Watt-Glühbirne gibt nur fünf bis zehn Prozent ihrer Leistung als Licht ab. Die „restlichen“ 90 bis 95 Prozent gehen als Wärme weg. Aber wer käme jemals auf die Idee, seine Räume mit Glühbirnen aufzuheizen? Im Sommer bringt dies einen ungewollten Wärmeeintrag.

Jetzt sind Glühbirnen ja billig. Aber nur kurzfristig. Bei einer täglichen „Arbeitszeit“ von drei Stunden ist eine Birne nach 1000 Betriebsstunden am Ende, sie wird also nur ein Jahr alt. Anders dagegen die Energiesparlampen: Deren Lebensdauer liegt zwischen 5000 und 15000 Stunden, das entspricht 15 Jahren. Die große Spanne bei den Betriebsstunden hat folgenden Grund: Es gibt Energiesparlampen mit und solche ohne Vorwärmfunktion. Bis zu 15000 Stunden schaffen Lampen mit dieser Funktion. Vorwärmfunktion heißt, dass die Lampen, je nach Modell und Hersteller, zwischen 0,37 und 3,0 Sekunden brauchen, bis ihnen „ein Licht aufgeht“. Wenn sie dann leuchten, erreichen sie nicht sofort ihre volle Helligkeit. Auch hier hängt es von Modell und Hersteller ab, wie lange diese Aufwärmphase dauert.

Glühlampe	Energiesparlampe
25 Watt	5 bis 7 Watt
40 Watt	7 bis 9 Watt
60 Watt	11 bis 16 Watt
75 Watt	15 bis 20 Watt
100 Watt	20 bis 23 Watt

Durch den Austausch der Lampen können Sie bis zu 80 Prozent Ihres für Beleuchtung verbrauchten Stroms einsparen. Es sind auch Lampen für spezielle Anforderungen auf dem Markt. So möchte man im Treppenhaus eine Lampe, die gleich anspringt und auch sofort ihre volle Leistung bringt. Sie erhalten im Fachhandel dazu entsprechende Beratung. Auch auf der Verpackung steht, was die Lampe kann. Ebenso sollte das EU-Label für Energieeffizienz aufgeführt sein – „A" für „sehr effizient" bis „G" für „nicht effizient". Glühlampen tragen übrigens das Label „D".

Ein Kritikpunkt, der im Zusammenhang mit Energiesparlampen immer wieder angeführt wird, ist die Lichtfarbe. Sie sei so grell und ungemütlich. Das muss nicht mehr sein. Das Lichtspektrum reicht heute von „extra-warmweiß" bis zu „tageslichtweiß. Auch diese Angabe finden Sie auf der Verpackung, oftmals in Kelvin.

2 700 Kelvin und darunter	–	„extra-warmweiß" (gemütlich)
3 300 Kelvin und darunter	–	„warmweiß"
5 000 Kelvin und darunter	–	„neutral-weiß"
5 000 Kelvin und mehr	–	„tageslichtweiß" (sehr sachlich)
6 000 Kelvin		beträgt die Oberflächentemperatur der Sonne

Übrigens: Energiesparlampen gehören nicht in den Hausmüll, weil sie geringe Mengen Quecksilber enthalten. Dadurch sind sie Sondermüll.

Immer mehr im Kommen sind LED-Lampen (Leuchtdioden). Sie sind leicht und haben eine hohe Lebensdauer von bis zu 50 000 Stunden. Ihr Stromverbrauch entspricht dem der Energiesparlampen. Diese Lampen basieren auf Halbleiterverbindungen, die elektrischen Strom

© Herbie/Fotolia

Mit Energiesparlampen lässt sich Geld sparen.

direkt in Licht umwandeln. Ihre Leistungsausbeute ist deutlich höher als bei der Glühbirne. LEDs gibt es in den Farben Weiß, Gelb, Grün, Rot, Orange und Blau. Sind heute vor allem in Großbildschirmen, Ampeln und Markierungsbeleuchtungen zu finden. Im privaten Sektor wird in den kommenden Jahren mit einer großen Nachfrage gerechnet.

Entwickelt für Extremsituationen, zum Beispiel den Aufenthalt in U-Booten, kann es heute im Wohnbereich und Büros eingesetzt werden: das Vollspektrumlicht. Diese Lampen zeichnen sich durch angenehmes, Tageslicht-ähnliches Licht aus. Je nach Ausführung enthalten sie unsichtbare UV- und Infrarotanteile. Da sie sich durch hervorragende Kontrast- und Farbwiedergabe auszeichnen, sind die flimmerfreien Vollspektrumlampen auch sehr gut für den Arbeitsplatz geeignet. Ihre Lebensdauer beträgt rund 12 000 Stunden.

Auf die Verpackung kommt es an

Noch sind sie häufig anzutreffen – Häuser, die komplett eingerüstet sind. Schaut man dann nach Wochen wieder vorbei, stellt man fest, dass das Haus nur einen neuen Anstrich bekommen hat. Der ganze Aufwand und die Kosten nur wegen der Optik. Das ist nicht mehr zeitgemäß. Wer sowieso das Haus neu verputzen oder anstreichen lassen möchte, sollte unbedingt die Dämmmaßnahmen einbeziehen. Vielleicht wird bei Ihnen auch ein Bausparvertrag fällig, und Sie wollen Ihr Dach ausbauen. Auch dies ist eine gute Gelegenheiten, sich mit der Dämmung Ihres Hauses zu befassen.

Erst isolieren, dann installieren

Grundsätzlich trägt eine gut eingepackte Gebäudehülle zu großen Einsparungen bei. An dieser Stelle möchten wir auch eine Aussage entkräften, die wir immer wieder hören müssen. Nein, Wände atmen NICHT. Verputzte Wände, ob gedämmt oder ungedämmt, sind weitgehend undurchlässig für Luft. Das Puffern der täglichen Feuchteschwankung geschieht in den ersten Zentimetern des Putzes. Eine Außenwanddämmung beeinflusst diesen Prozess nicht. Darüber hinaus kann eine Dämmung wirkungsvoller sein als zum Beispiel eine thermische Solaranlage auf dem Dach. Statt punktuell Einzelmaßnahmen durchzuführen, lassen Sie sich ein Gesamtkonzept für Ihre Immobilie erstellen. Ein Energieberater oder ein Architekt mit Erfahrung bei energetischen Themen wird Ihnen ausrechnen, welche Einsparungen durch welche Maßnahmen zu erzielen sind.

„Erst isolieren, dann installieren“ gilt als Königsweg. Ein optimal gedämmtes Haus verbraucht deutlich weniger Energie als ein ungedämmtes. Bei einer Dämmstärke von 16 Zentimetern verbessert sich der Wärmeschutz eines ungedämmten Altbaus um rund 80 Prozent. Als Folge kann zum Beispiel die Heizungsanlage kleiner ausfallen. Eines bedingt das andere. Darum ist eine Gesamtkonzeption bei vielen Immobilien sehr hilfreich.

Nachträgliche Dämmung reduziert nicht nur Ihre Heizkosten und schützt im Sommer vor Hitze, sie trägt auch zum Werterhalt des Gebäudes bei. Bauschäden werden verhindert, das Wohn- und Raumklima verbessert. Es gibt allerdings nicht die „eine" Dämmung, da Gebäude unterschiedliche technische und architektonische Bedingungen haben. Deshalb ist eine sorgfältige und sachgerechte Auswahl der einzelnen Maßnahmen innerhalb eines Gesamtkonzepts so wichtig. Das gilt vor allem auch dann, wenn nicht alle Modernisierungsmaßnahmen in einem Zug durchgeführt werden. Die einzelnen Konstruktionen müssen aufeinander abgestimmt sein, damit sie mit den für einen späteren Zeitpunkt vorgesehenen Maßnahmen harmonieren und nicht zu Fehlinvestitionen werden. Man kann davon ausgehen, dass die Bauteile eine Nutzungsdauer zwischen 20 und 50 Jahren haben. Deshalb sollten Sie unbedingt auf Qualität achten und nicht an der falschen Stelle sparen.

Auf den folgenden Seiten finden Sie eine Übersicht über die wichtigsten Dämmstoffe. Hier gilt es zu unterscheiden zwischen ökologischen Materialien und den organischen aus synthetischen Rohstoffen. Darüber hinaus gibt es anorganische Dämmstoffe z. B. aus Altglas und geschäumtem Gestein. Ein weiteres Unterscheidungsmerkmal stellt die Nutzung bzw. der Einsatzort dar. Nicht jeder Dämmstoff kann alles. Was für die Kellerdecke hervorragend ist, muss für das Dach noch lange nicht gut sein.

Dämmstoff		Herstellung/ Material	Wärmeleitfähigkeit λ W/(m·K)	Brandverhalten	sommerl. Wärmeschutz	Lieferform	Anwendung	Bemerkungen
Mineralwolle	Glaswolle	Schmelze aus bis zu 70 % Altglas. Quarzsand, Soda und Kalkstein wird zu Fasern geschleudert; Zusatz von 4 bis 8 % Kunstharzbinder zur Form- und Feuchtestabilisation	0,035–0,040	++	–	Matte, Filz	– Dach, – Fassade (WDVS), – Estrich	auf Hinweis „KI 40“, „Blauer Engel“ oder RAL-Gütezeichen achten
Mineralwolle	Steinwolle	Schmelze aus 25 % Altglas, Feldspat, Dolomit, Sand und Kalkstein oder 30 % Recycling-Formsteine, Basalt und Diabas wird zu Gespinst geschleudert; Zusatz von 0,7 bis 3,2 % Kunstharzbinder zur Form- und Feuchtestabilisation	0,035–0,040	++ (A,B1*)	–	Matte, Filz	– Dach, – Fassade (WDVS), – Estrich	– unverrottbar – auf Hinweis „KI 40“, „Hohe Biolöslichkeit“ oder RAL-Gütezeichen achten
Polystyrol	EPS	Erdölprodukt aus expandiertem Partikelschaum, wird zu 98 % aus Polystyrol hergestellt, welches mit Pentan aufgeschäumt wird	0,035–0,040	0	–	Platten	– Estrich, – Fassade (WDVS), – Dach	– unverrottbar – nicht UV-beständig
Polystyrol	XPS	Erdölprodukt aus Extruderschaum, wird aus Polystyrol hergestellt, welches mittels CO_2 (früher H-FCKW) aufgeschäumt und in Form gepresst wird	0,030–0,040	0	–	Platten	– Kelleraußenwand – (Perimeterdämmung), – Flachdach, – Umkehrdach bei Feuchtebelastung	– verottungsfest, alterungsbeständig – geschlossen-zellig – nicht UV-beständig

Dämmstoff	Herstellung/ Material	Wärmeleitfähigkeit λ W/(m·K)	Brandverhalten	sommerl. Wärmeschutz	Lieferform	Anwendung	Bemerkungen
PUR-Hartschaum	Erdölprudukt, welches aus der chem. Reaktion von Polyolen und Polyisocyanat unter Zusatz eines Treibmittels hergestellt wird	0,022–0,030	0	–	Platten	Flachdach, Steildach (Aufsparrend.)	– unverottbar – geschlossenzellig
Holzfasern	wird aus Nadelholzabfall und Schwachhölzern mit dem holzeigenem Bindemittel Lignin hergestellt	0,040–0,055	0	++	Matte, Filz	– Leichtbaukonstruktionen – in Verb. mit Schüttungen – Dach, Estrich, WDVS	–
Holzwolle	Holzwolleleichtbauplatten werden aus langfaseriger Fichten- oder Kiefernholzwolle hergestellt, die durch Zement oder Magnesit gebunden wird	0,090	+ (B1)	++	Platten	– Putzträger – sommerlicher Wärmeschutz – Verkleidung	–
Kork	Korkschrot wird mit Wasserdampf expandiert und unter Ausnutzung der natürlichen Harze zu Korkblöcken „gebacken“ und zu Platten zerschnitten	0,045	0 (B2)	+	Platten	–	–
Zellulose – Platten	als Brandschutz werden ca. 12 Masse-Prozent Aluminiumsulfat, Borax und Borsäure zugegeben	0,040	(B2)	+	Platten	– Zwischensparrendämmung – Holzständerkonstruktionen – Wand-/Deckenflächen	– Platten fasern beim Zuschneiden aus – nicht belastbar

Dämmstoff		Herstellung/ Material	Wärmeleitfähigkeit λ W/(m·K)	Brandverhalten	sommerl. Wärmeschutz	Lieferform	Anwendung	Bemerkungen
Zellulose	Flocken	wird aus Altpapier durch ein mechanisches Zerkleinerungsverfahren hergestellt; als Brandschutz werden ca. 12-20 Masse-Prozent Borsäure und Borax zugegeben	0,040–0,045	0	0	Schüttung	–	–
Flachs		wird nach Entfernen der Bastschicht zu einem Faservlies verarbeitet; gehört zu den natürlichen Zellulosefasern; ggf. mit Zusatz von Polyester-Stützfasern; Zusatz von Borsalz als Brandschutz	0,040	0	0 –	Matte, Filz	–	–
Hanf		Faservlies mit vergeichbaren Eigenschaften wie Flachs; Zusatz von Borsalz als Brandschutz	0,040–0,045	0	0-	Matte, Filz	–	–
Kokosfasern		hochelastische Fasern der Kokoshülle, sind innen hohl, werden ohne weitere Zusätze zu einem gleichmäßigen Vlies verdichtet; Zusatz von Ammoniumsulfat bzw. Borsalz als Brandschutz	0,045	0		Matte, Filz	Ausstopfen von Restflächen	– weitgehend feuchteresistend – feuchteausgleichend

Dämmstoff	Herstellung/ Material	Wärmeleitfähigkeit λ W/(m·K)	Brandverhalten	sommerl. Wärmeschutz	Lieferform	Anwendung	Bemerkungen
Baumwolle	Baumwolle wird zu vliesartigen Matten verarbeitet (bis 200mm); teiweise auch als Flocken	0,040	+ 0		Matte, Filz; Flocken	–	– anfällig gegen Feuchtigkeit – durch Schimmelpilz gefährd. – Problem: Anbau (Pestizide)
Schafwolle	gewaschene Schafschurwolle mit Zusatz von Borsalz oder eines Harnstoffderivates (Mottensicherheit) und ca. 3–5 Masse-Prozent Borsalz als Brandschutz; herstellerabhängig ggf. mit Zusatz von Polyester-Stützfasern	0,040	0	0 (–)	Matte, Filz	– Innenwände – Dachschrägen, Fußboden	weitgehend fäulnisresistent
Perlite	wird unter großer Hitze aus aufgeschämten vulkanischem Gestein hergestellt, leicht und körnig; durch Zusatz von Silikonen wasserabweisend	0,050–0,055	++		Schüttung	Estrich/ Boden	– nichtbrennbar – ungeziefersicher
Schaumglas	wird aus aufgeschäumten Silikaten hergestellt; besteht aus geschlossenzelligen Glaszellen	0,040–0,060	++		Platten	Flachdach, Perimeterdämmung	– vollständig dampf- und wasserdicht – relativ teuer
Kalziumsilikat	poröse Kalksilikate werden mit Zellstoff vermischt und mit Wasserdampf gehärtet; hoher pH-Wert von ca. 14	0,050–0,065	++ (A2)		Platten	bei problematischen Innendämmungen	– puffert Feuchtigkeit – frei von Schimmelpilzbefall

Auch im Erdgeschoss warme Füße

Die Wärmedämmung im Keller wird häufig sehr stiefmütterlich behandelt. Das ist schade, denn zwischen fünf und zehn Prozent der Energieverluste hängen direkt mit diesem Bauteil zusammen. Bemerkbar macht sich das in den Räumen des Erdgeschosses. Dort sind kalte Füße zu Hause. Wärme steigt nämlich nicht nur nach oben, sie wird auch über die Kellerdecke nach unten geleitet. Eine gedämmte Kellerdecke bringt eine um zwei bis drei Grad höhere Fußbodentemperatur. Das führt zu mehr Behaglichkeit. Mit geringen finanziellen Mitteln lässt sich das Wohlfühl-Klima herstellen.

Der Standard in unbeheizten deutschen Kellern sind ungedämmte Decken, Rohre und Leitungen. Dabei ist es recht einfach, diese Lücke zu schließen. Dämmplatten werden mit Klebemörtel von unten an die Decke geklebt. Eventuell wird die Fläche vorher noch grundiert. Mit dem Klebemörtel kann man auch Unebenheiten der Decke sehr gut ausgleichen. Spezialdübel sichern bei weniger tragfähigem Untergrund den Sitz der Dämmplatten. Ganz wichtig ist, dass zwischen den einzelnen Platten, die jeweils individuell zugeschnitten werden, keine Zwischenräume entstehen. Kanten und Stöße müssen nahtlos zueinander passen.

Oft wird Energieberatern, wenn sie eine Kellerdeckendämmung vorschlagen, entgegnet, dass diese Maßnahme wegen der vielen Leitungen doch sehr aufwendig zu realisieren sei. Natürlich ist es besser, wenn vor allem warmwasserführende Rohrleitungen gedämmt und anschließend noch in die Dämmebene integriert werden. Die Wärmeverluste reduzieren sich so auf ein Minimum. Bedenkt man, dass Strom- und Wasserleitungen im Schnitt aber höchstens zehn Prozent der gesamten Kellerdecke belegen, so können, wenn man auf die Arbeit verzichten will, immerhin noch 90 Prozent der Fläche völlig problemlos gedämmt werden. Wenn die Raumhöhe in Ihrem Keller es zulässt, können Sie die Dämmplatten noch verkleiden oder mit einem Armierungsgewebe versehen und anschließend verputzen. Das ist aber nicht zwingend, sondern eine Geschmacksfrage.

Die Dämmplatten sollten immer so dick wie möglich sein. Wenn allerdings die Kopfhöhe nicht ausreicht, sind vier Zentimeter besser als gar nichts. Wenn Sie die Kellerdeckendämmung innerhalb eines Gesamtkonzeptes z. B. durch die Kreditanstalt für Wiederaufbau (KfW) gefördert haben möchten, sollten Sie stets auf die geforderte Kombination von Dämmstoffstärke und Wärmeleitzahl achten. Ausnahmen kann nur der Energieberater formulieren. Die Materialkosten liegen pro Quadratmeter zwischen 15 und 25 Euro, wobei die KfW keine Eigenleistung fördert und natürlich die Rechnungen prüft.

Kombinationsmöglichkeiten im Rahmen einer KfW-Förderung: Kellerdeckendämmung von unten						
WL W/(mK)	0,025	0,03	0,035	0,04	0,045	0,05
Dämmstoffdicke in cm	8	9	11	12	14	15

Ist aufgrund der Deckenhöhe keine Dämmung von unten möglich oder ist Ihr Haus nicht unterkellert, bietet sich im Rahmen einer Wohnungsmodernisierung die Dämmung von der Raumseite aus an. Unter Dielenböden befinden sich des Öfteren Gefache zwischen Holzbalken, die mit Sand oder Schlacke gefüllt sind. Die alte Füllung kann entfernt und z. B. gegen eine Dämmschüttung ersetzt werden.

Kellerbodendämmung mit Dämmschüttung aus Perlite und Kork mit Anbindung der Feuchteschutzfolie an die Horizontalsperre. Hinten rechts erdberührte Außenwand mit Lehm verputzt.

Werden Kellerräume beheizt oder zu Wohnzwecken genutzt, sieht die Sache schon anders aus. Neben dem Kellerboden sollten die Wände zu den unbeheizten Kellerräumen und das erdberührte Mauerwerk von außen gedämmt werden. Die Dicke des verwendeten Materials sollte acht Zentimeter nicht unterschreiten. Die Wände müssen trocken sein, und es darf keine aufsteigende Feuchtigkeit auftreten. In Kellerräumen mit hoher Luftfeuchtigkeit (Waschküche, Bad) muss besonders im gedämmten Zustand für gute Lüftungsmöglichkeit gesorgt werden.

Checkliste Kellerdämmung

Dämmung der Kellerdecke von unten

- Welche Dämmstoffstärke ist möglich (Raumhöhe)? Bei geringer Dicke bessere Wärmeleitgruppe einsetzen.

- Müssen Elektro- oder Wasserleitungen verlegt werden?
- Ist eine Vorbehandlung der Unterseite der Kellerdecke nötig, oder kann die Dämmung direkt geklebt bzw. gedübelt (Kunststoffdübel!) werden?
- Muss eine Unterkonstruktion montiert werden?
- Ist eine Verkleidung oder ein Verputz der Dämmung nötig?

Dämmung der Kellerdecke von oben

- Welche Dämmstoffdicke ist bei der Erneuerung des Fußbodenaufbaus möglich? Bei geringer Dämmstoffdicke besser Wärmeleitgruppe verwenden.
- Müssen Türen oder Heizkörper in der Höhe angepasst werden?

Beheizter Keller

- Sind die Kellerwände feucht? Dann ist im Rahmen der Trockenlegung eine Außendämmung angebracht. Bei trockenem Keller ist auch eine Innendämmung möglich.
- Sind Kellerfußboden und Trennwände zu unbeheizten Räumen in das Konzept mit eingebunden?

Außenwanddämmung – ein Gewinn für Ihr Haus

In den meisten Fällen hat die Außenwand den größten Flächenanteil an der Gebäudehülle. Sie trägt durchschnittlich mit rund 30 Prozent zu den Wärmeverlusten bei. Eine Fassadendämmung kann als Wärmedämmverbundsystem (WDVS) oder als vorgehängte Fassade ausgeführt werden. Im Norden Deutschlands kommt des Öfteren das zweischalige Mauerwerk vor. Zwischen innerem und äußerem Mauerwerk besteht ein Luftspalt, der mit einer Dämmschüttung verfüllt werden kann. Die Verfüllung ist relativ schnell und kostengünstig durchzuführen. Leider ist der Zwischenraum oftmals nur zwischen zwei und fünf Zentimeter breit, so dass bei diesem System die Dämmwirkung nicht so groß ist.

Im Folgenden befassen wir uns mit dem WDVS und der vorgehängten Fassade. Bei beiden Systemen sollte der Kellersockel möglichst mitgedämmt werden, auch wenn der Keller nicht beheizt ist. Die Wärmeabstrahlung wird sehr oft unterschätzt. Fehlt außerdem noch eine Kellerdeckendämmung, kann es in den Wohnungen im Erdgeschoss an den Außenwänden, in der Nähe der Geschossdecke, zur Schimmelbildung kommen. Wärmebildaufnahmen zeigen die großen Temperaturunterschiede. Grundsätzlich ist es sinnvoll, die Fassadendämmung bis mindestens zur Hälfte des Sockels herunterzuziehen. Kommt es zu Schimmelbildung, liegt dies also nicht an der eigentlichen Dämmung, sondern vielmehr an einer fehlenden oder mangelhaften Detailplanung ohne Berücksichtigung der Wärmebrückeneffekte.

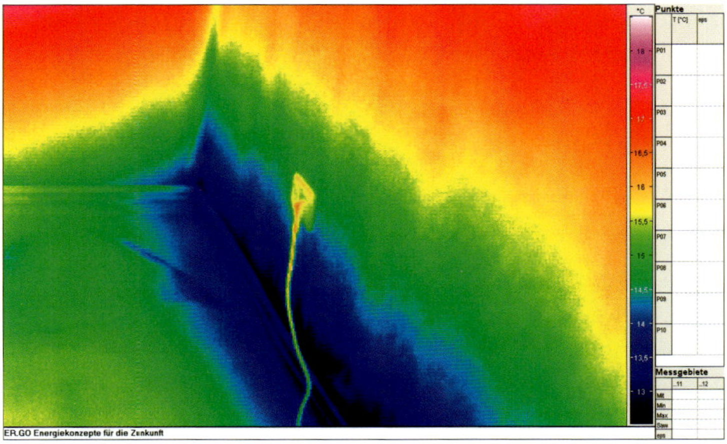

Thermografische Innenaufnahme: Im blauen Bereich sind die Oberflächentemperaturen so niedrig, dass es zur Schimmelbildung kommt.

Bei beiden Systemen sollte außerdem auf eine Aluminiumabschlussleiste im Sockelbereich verzichtet werden. Aluminium leitet die Wärme etwa 5 000-mal stärker als ein handelsüblicher Dämmstoff! Am Markt sind mittlerweile integrierte Systeme erhältlich, die Abschlussleiste kommt nicht mehr mit der Außenluft in Berührung, es entsteht keine zusätzliche Wärmebrücke. Darüber hinaus gibt es Abschlussprofile aus Kunststoff. Die Blendrahmen der Fenster und Türen sowie die Fensterlaibungen sollten weitestmöglich überdämmt bzw. gedämmt werden.

Aufgrund der steigenden Energiepreise und möglicher Fördermittelbeantragung (Mindestanforderungen) sollte in der Fläche eine Dämmstärke nicht unter 14 Zentimetern aufgebracht werden, die Wärmeleitfähigkeitsgruppe (WLG) sollte hierbei 035 betragen. Aus brandschutztechnischer Sicht und Gründen des Schallschutzes ist eher zu Mineral- oder Steinwolle als Dämmstoff zu raten. Darüber hinaus weisen diese Dämmstoffe eine bessere Diffusionsfähigkeit als Polystyrol auf. Die Gesamtkosten für die Dämmung mit einem WDVS liegen bei etwa 110 Euro pro Quadratmeter zu dämmender Fläche, wobei Mineralfaserplatten etwas teurer als Polystrol-Hartschaumplatten sind.

Die erste Schicht eines Verbundsystems bildet der Wärmedämmstoff. Er wird auf dem Außenmauerwerk oder auf dem Außenputz, dessen Zustand und Tragfähigkeit überprüft werden muss, verklebt und wenn nötig mit Kunststoffdübeln zusätzlich verankert. Darüber wird ein Armierungsputz aufgezogen und Glasfasergewebe eingelegt. Als Endbeschichtung wird Fassadenputz aufgebracht. Der Dämmstoff kann aus Hartschaum-, Holzweichfaserplatten oder Mineralfaserplatten bestehen, mittlerweile sind auch ökologische Mineralplatten aus Kalk im Handel. Der Dämmstoff muss den Anforderungen der Wärmeleitfähigkeit, Verhalten gegen Feuchtigkeit, Druck- und Zugfestigkeit sowie dem Brandverhalten genügen.

Es sollten nur bauaufsichtlich zugelassene WDV-Systeme mit aufeinander abgestimmten Materialien zur Anwendung kommen. Damit die Ausführung mit der nötigen Sorgfalt erfolgt, sollte man damit Fachbetrieben beauftragen. Zur Ausführung gehört auch, dass das Fallrohr versetzt wird, unter Umständen muss sogar der Dachüberstand verlängert werden. Fensterrahmen und Fensterlaibungen sollten so weit wie möglich überdämmt bzw. gedämmt werden. Die Dämmstoffstärke in den Laibungen muss in den meisten Fällen weniger stark als in der Fläche ausfallen; wer hat schon 15 cm dicke Blendrahmen? Oft sind nur zwei bis vier Zentimeter möglich, daher kann für diesen Teil der Fassade ein Dämmstoff mit besseren Dämmeigenschaften verwendet werden. Hier bieten sich die WLG 030 oder 025 (meist Polyurethan-Hartschaumplatten) an. Alternativ kann mit der neuesten Technik – VIP-Platten (Vakuum-Isolier-Paneele) – gedämmt werden.

Vakuumisolationspaneele – VIP-Platten[28]
Ihre Dämmwirkung ist phantastisch, doch sie sind noch in der Erprobungsphase und darüber hinaus sehr teuer. Ein luftleerer Zwischenraum bewirkt, dass diese mit Folie umschlossenen porösen Kieselsäureplatten etwa zehnmal besser dämmen als herkömmliche Dämmstoffe. Da die VIP-Platten einzeln nach Maß vorgefertigt werden müssen, kosten sie mit ein bis zwei Zentimetern Stärke je nach Größe etwa 125 bis 250 Euro je Quadratmeter. Der Raumgewinn durch die dünne Dämmschicht ist allerdings enorm.

Verputz in den Laibungen kann auch freigeschnitten oder abgeschlagen werden. Die vorhandenen Fensterbänke sollten bündig mit dem Mauerwerk abgeschlagen oder abgeschnitten werden, neue Fenster-

[28] Zeitschrift Öko-Test, Juli 2006.

bänke mit Anti-Dröhnbandstreifen versehen sein. Die Anbindung der Dämmplatte zum Blendrahmen des Fensters erfolgt diffusionsoffen über vorkomprimiertes Fugendichtband. Bei solch einer umfangreichen Maßnahme wie der Außenwanddämmung sollten Sie sich unbedingt mindestens drei Angebote von qualifizierten Fachbetrieben geben lassen.

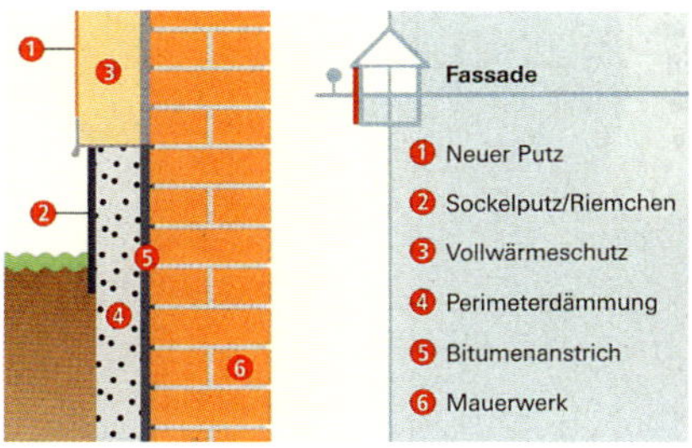

Wärmedämmverbundsystem und Perimeterdämmplatten im Erdreich.

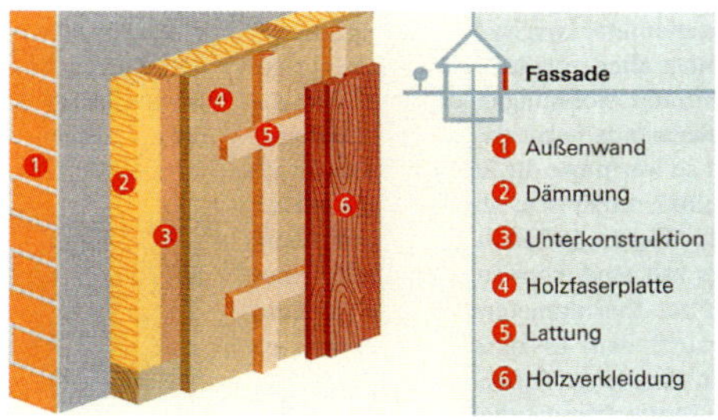

Hinterlüftete Vorhandfassade.

Wärmeleitfähigkeit

Unterschiedliche Dämmstoffe unterscheiden sich auch in der Wärmeleitfähigkeit (WLG). Die standardmäßig angebotenen Gruppen sind 035 und 040, wobei die WLG 035 im Hinblick auf die Energieeinsparung besser ist. Es gilt: Je kleiner die Zahl, desto geringer ist der Wärmeverlust. Manche Anbieter haben nur WLG 040 im Programm. Für diesen Fall empfehlen wir, die Dämmstoffstärke gegenüber WLG 035 um zwei Zentimeter zu erhöhen. Das heißt: 16 Zentimeter Dämmstärke der WLG 040 entspricht 14 Zentimetern Dämmstärke der WLG 035. Wird auf eine möglichst dünne Dämmung Wert gelegt, dann kann Material der WLG 022 verarbeitet werden.

Hinterlüftete Vorhangfassade

Eine Alternative zum WDVS ist die hinterlüftete Vorhangfassade. Sie besteht aus einer Unterkonstruktion (Holz- oder Aluminiumprofile), die auf der Außenwand befestigt wird. In die Zwischenräume der Unterkonstruktion wird Dämmstoff eingebracht. Das kann zum Beispiel Mineralfaser oder auch Zellulose sein. Wichtig ist, dass diese Konstruktion winddicht ist. An der Unterkonstruktion wird die Außenverkleidung so befestigt, dass ein Luftspalt zwischen Dämmung und Verkleidung zur Hinterlüftung bleibt. Etwa durch Schlagregen feucht gewordenes Holz kann somit keine Feuchtigkeit an die Dämmung übertragen, sie ist vor Witterungseinflüssen bestens geschützt. Darüber hinaus bietet die Vorhangfassade viele gestalterische Möglichkeiten, denn man kann zwischen unterschiedlichen Verkleidungen wählen.

Wärmebrücken vermeiden

Eingangsvordach, Terrassenplatten, Balkonplatten und an der Wand befestigte Briefkästen sind Wärmebrücken, wenn sie bei der Außendämmung „vergessen" werden. An diesen Stellen, die auf gedämmte Außenmauern treffen, kann sich Schimmel bilden.

Der Kellersockel mag es trocken

Wer das Haus von außen dämmt, sollte vor allem bei beheizten Kellerräumen, nicht bei dem über das Erdreich hinausragenden Sockelbereich, aufhören. Die Dämmung sollte bis zur Fundamentsohle hinuntergeführt werden. Damit beugen Sie Bauschäden vor. Da jede Trockenlegung bestehender Mauern mit vergleichsweise hohen Kosten verbunden ist, kommt es auf gute Planung an. Berücksichtigt werden muss auch, dass Häuser aus dem Beginn des 19. Jahrhunderts kaum und danach bis in unser Jahrhundert hinein selten horizontal gegen aufsteigende Feuchtigkeit geschützt wurden. Im Neubaubereich regelt die DIN 18195 heute die Bauwerksabdichtung. Sie sieht eine Vertikal- und Horizontalabdichtung in erdberührenden Bereichen vor. Die Dämmung bis zur Fundamentsohle unterbindet die kapillare Saugfähigkeit von Mauerwerk und Putz.

Beim Freigraben der Kellerwände geht man schrittweise vor. Eventuell müssen auch behördliche Genehmigungen eingeholt werden. Falls direkt vor Ihrem Haus ein Gehweg verläuft, sind Absperr- und Sicherungsmaßnahmen erforderlich. Wenn die Kellerwände freigegraben sind, werden sie gereinigt und mit einem Bitumen-Kaltanstrich versehen. Dann wird je nach Feuchtigkeitsbelastung die Bitumendickbeschichtung mehrlagig aufgetragen. Erst zum Schluss werden Dämmplatten aufgeklebt und mit einer Noppenfolie gegen das Eindringen von Steinen geschützt. Bei großer Feuchtigkeitsbelastung kann zusätzlich ein Drainagesystem zur schnellen Ableitung von Sickerwasser installiert werden.

Damit Drainagesysteme jahrelang funktionieren, kommt es besonders auf die hervorragende Planung und Ausführung an; wer hier spart,

Bis zum Fundamentsockel freigelegte Kellerwand mit Bitumendickbeschichtung, eingelegter Gewebematte und Hohlkehle. Das Anbringen der Dämmplatten folgt als nächster Schritt.

wird Lehrgeld zahlen. Kellerlichtschächte, die aus Beton sind, sollten bei der Kelleraußenwanddämmung gegen Kunststoffschächte ausgetauscht werden. Wenn diese Kellerlichtschächte nicht mitgedämmt bzw. ausgetauscht werden, sind sie Wärmebrücken, die im Kellerinneren zu Feuchtigkeit und Schimmelbildung führen. Die Kellerfenster müssen sorgfältig mit der Dämmung verbunden werden. Deren Fensterbänke sind unbedingt auch an den Unterseiten zu dämmen.

Komplett gedämmte Fassade mit Überdämmung der Stirnseite der Kellerdecke.

Wer sich z. B. an Greifvögeln erfreut, kann im Rahmen einer Fassadendämmung sogenannte Niststeine integrieren.

Algen
Bei Wärmedämmverbundsystemen kann es zu Algenbefall kommen. Wesentliche Ursachen dafür sind die veränderten Umweltbedingungen und die bauphysikalischen Besonderheiten des WDVS. Algen mögen es feucht, deshalb sollte man Bäume und Sträucher, die sehr nahe der Hauswand stehen, entfernen. Das trägt zu schnellerer Ablüftung und Trocknung der Fassade bei. Eine wichtige Aufgabe kommt der Beschichtung der Fassade zu. So sichert ein niedriger w-Wert der Beschichtung eine sehr geringe Wasseraufnahme. Eine glatte Oberfläche trocknet schneller, Schmutzpartikel finden nur schlecht Halt. Das dient der Vorbeugung gegen Algen. Bei einem pH-Wert über 9 finden Algen keinen Nährboden mehr. Somit bietet eine hohe Alkalität Schutz. Auch ein fungizider Schutz wirkt vorbeugend. Wir möchten allerdings darauf hinweisen, dass Fungizide aus Umweltschutzgründen nicht zu empfehlen sind.

Checkliste Außenwanddämmung

- Ist eine Außen- bzw. Kernwanddämmung möglich, oder kommt nur eine Innendämmung in Frage?
- Gibt es Auflagen durch den Denkmalschutz?
- Wie ist die Tragfähigkeit des Putzes, kommt ein Wärmedämmverbund-System in Betracht?
- Soll das WDVS geklebt oder gedübelt werden, oder ist eine Vorhangfassade geeignet?
- Sind die Details zur Vermeidung von Wärmebrücken berücksichtigt?
- Kann die Außenwand im erdberührenden Bereich mit einer Perimeterdämmung versehen werden?
- Ist die Verlegung von Fallrohren und Vordächern berücksichtigt?
- Ist der Dachüberstand ausreichend?

- Können Balkonplatten, die nicht thermisch von den Geschossdecken getrennt sind, vom Geländer entkoppelt werden und durch vorgesetzte Balkone ersetzt werden?
- Steht Ihr Haus an der Grundstücksgrenze? In diesem Fall ist bei einer Außendämmung der Grenzwand eine Regelung mit den Nachbarn nötig.

Dämmung von Fachwerkhäusern

Zugegeben, ein Fachwerkhaus, noch dazu eines, das unter Denkmalschutz steht, ist eine Herausforderung. Wir möchten an dem hier aufgeführten Beispiel zeigen, was alles bei dieser Hausart möglich ist. Fachwerkhäuser haben unter allen Gebäudetypen den schlechtesten Energiestandard. Durch dünne Wände und schlechten Wärmeschutz ist es meist kalt und unbehaglich. Der Umbau eines solchen Hauses bedarf eines Konzepts, das vor allem die Verbesserung des Wärmeschutzes vorsieht. Dazu werden die Gefache der Fachwerkwände entkernt und durch eine äußere Holzweichfaserplatte als Putzträger ersetzt.

Eine etwa 24 Zentimeter starke Gefach- und Innendämmung aus Zellulosefasern wird zwischen die Unterkonstruktion der Innenbekleidung eingeblasen. Die Innenbekleidung aus Gipsfaserplatten wird erst aufgebracht, nachdem eine luftdichte armierte Baupappe als Luftdichtung und Dampfbremse überall fugenfrei angeschlossen ist. Die massiven Wandteile erhalten außen ein sechs Zentimeter dickes Wärmedämmverbund-System, innen die Innendämmung. Damit sind die Wände des 100 Jahre alten Fachwerkhauses besser gedämmt als heutige Neubauten.

Die Dachsparren werden auf 20 Zentimeter Höhe aufgedoppelt. Auf und unter die Sparren kommen drei bzw. 6,5 Zentimeter dicke Holzweichfaserplatten. In den entsprechenden Zwischenraum kann dann eine Zellulose-Einblasdämmung von 20 Zentimetern Stärke eingebracht werden – beste Dämmqualität für Sommer und Winter. Auch die Gauben werden mit 18,5 Zentimetern Zellulosedämmstoff gedämmt. Neue Fenster mit Zweischeiben-Wärmeschutzisolierverglasung runden die Maßnahmen ab. Der Heizölverbrauch des Hauses liegt nach dieser Modernisierung zwischen fünf und sechs Liter pro Quadratmeter und Jahr.

Vor der Sanierung: denkmalgeschütztes Fachwerk – aber auf Grund des hohen Alters praktisch nicht bewohnbar.

Altes Fachwerk – neue Dämmung: Bei der Sanierung bleibt das Fachwerk erhalten, Wände und Böden werden modern gedämmt.

Kleine Sache mit großer Wirkung

Rollladenkästen, die hat man. Wer macht sich große Gedanken darüber? Das ist ein Fehler, denn ungedämmte Rollladenkästen lassen im Winter warme Luft raus und kalte rein. Wenn die warme Luft herausströmt, kommt es häufig zur Kondensation von Raumluftfeuchtigkeit. In der Folge wird dann noch das Mauerwerk feucht. Eine nachträgliche Dämmung mit zum Beispiel Polystyrol verhindert all dies. Diese Maßnahme kann in Eigenleistung kostengünstig durchgeführt werden. Sie ist eine – allerdings arbeitsintensive – Alternative zum Einbau neuer Rollladenkästen. Dabei ist darauf zu achten, dass auch die Anschlussstellen zur Außenwand abgedichtet werden. Dies verhindert das Einströmen von Kaltluft und Kondensation von Raumluftfeuchtigkeit an schlecht zu dämmenden Stellen.

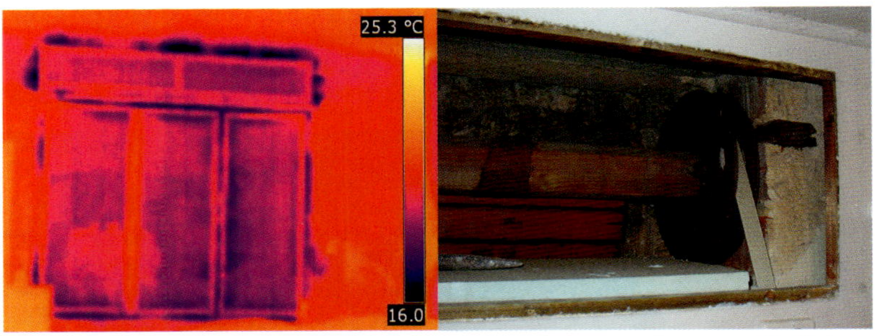

Links: Kombination von Thermografie und Blower-Door-Messung: Undichter Rollladenkastendeckel mit ausströmender Kaltluft (blaue Farbe), Thermogramm. Rechts: Geöffneter Rollladenkasten überwiegend ohne Dämmung.

Wenn Sie selbst loslegen möchten, entfernen Sie zunächst überstehende Mörtelränder und losen Putz, befreien dann mit dem Staubsauger den Kasten vom Staub aus Jahrzehnten. Undichte und rissige Stellen können Sie mit einem handelsüblichen Acryl zunächst von innen abdichten. Die Dämmstoffplatten sollten so genau wie möglich an die Form des Rollladenkastens angepasst werden. Aufgrund der geringen Dämmstoffstärken sollten möglichst niedrige Wärmeleitfähigkeitsgruppen, WLG 022 bis 040, verwendet werden.

Dämmen Sie den Kasten von allen Seiten mit der maximalen Dämmstoffstärke. Achten Sie beim Einbau darauf, dass sich der Rollladen leicht öffnen und schließen lässt. Etwas kniffelig wird es an der Seite, an der sich die Gurtrolle befindet. Hier passt manchmal gar kein oder nur ein sehr dünner Dämmstoff hin. Sofern Sie mehrere Kästen dämmen wollen, empfehlen wir, den Dämmstoffkleber als Sackware im Baumarkt zu kaufen. Es handelt sich hierbei übrigens um den gleichen Kleber, wie er beim Wärmedämmverbund-System eingesetzt wird. Er wird nur mit Wasser angerührt – fertig.

© ER.GO Energiekonzepte für die Zukunft, Bad Vilbel

Links: Alternative Dämmung mit Roka-Thermo-Flex von Beck+ Heun. Rechts: Passgenau zugeschnittene Dämmstoffblöcke.

Noch ein kleiner Hinweis: Für den Rollladengurt gibt es spezielle Zugluftdichtungen, die ohne Ausbau zu montieren sind.

© Gurtführung DUO

Innendämmung

Räume innen zu dämmen ist möglich, aber nicht ideal. Aus diesem Grund wird diese Maßnahme bei problematischen Fassaden durchgeführt. In der Dämmstärke ist man beschränkt, trotzdem verliert man Wohnraum. Darüber hinaus können Sie gedämmte Innenwände nicht nutzen wie ungedämmte. Die Dämmschichten müssen unbedingt unversehrt bleiben, denn jede noch so kleine Beschädigung kann zu Feuchtigkeitskondensation und in der Folge zu Schimmelbildung in der Dämmebene führen. Wärmebrücken bei Innendämmung zu vermeiden sowie luftdichte Wand- und Bodenanschlüsse herzustellen erfordert sehr viel handwerkliches Geschick und Präzision.

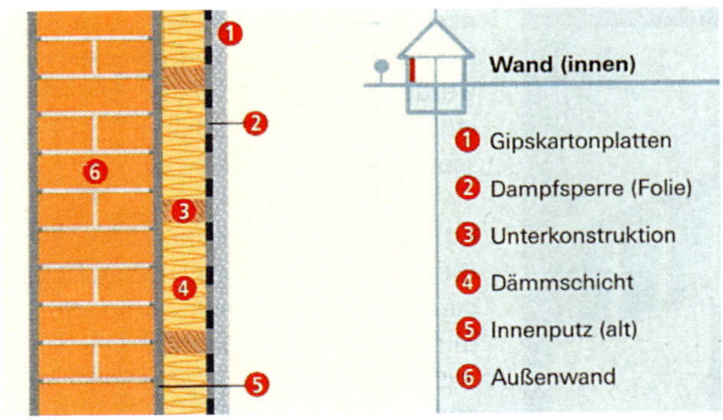

Wandaufbau mit Innendämmung.

Bei der Innendämmung wird eine Tragekonstruktion, zum Beispiel C-Profile oder Holzständer, an der Wand befestigt. Dazwischen kommt der Dämmstoff, der mindestens sechs Zentimeter dick sein sollte. Ganz wichtig ist die Dampfsperre, es handelt sich um PE-Folie, die unbedingt fugenlos verklebt werden muss. Diese Sperre darf auch niemals beschädigt werden, sonst drohen Bauschäden, verursacht durch eindringende Feuchtigkeit. Es muss auch ein luftdichter Anschluss der Innendämmung an Decke, Fußboden, Innenwände und Fenster gewährleistet sein. Die Dämmung sollte an allen angrenzenden Innenwänden und dem Deckenbereich noch rund 50 Zentimeter in den Raum geführt werden. Zur Verkleidung der Konstruktion eignen sich Gipsfaser- oder Gipskartonplatten ebenso wie Profilbretter und Holzwerkstoffplatten. Danach darf tapeziert werden.

Schimmel ist schädlich

Schimmel sieht nicht nur unappetitlich aus, sondern kann Krankheiten verursachen und ist oft für massive Bauschäden verantwortlich. Überall dort, wo sich Feuchtigkeit an den Wänden niederschlägt, kommt es zur Schimmelbildung. Das war auch „früher" schon so. Nur hatten die Wohnungen früherer Zeiten keine Bäder, die Toiletten waren meist außerhalb, es gab nur einen Wasserhahn, Waschmaschinen und Wäschetrockner waren noch nicht erfunden. Vor rund 60 Jahren hat auch kein Mensch täglich geduscht. Durch die einfach verglasten Holzfenster zog der Wind, gedämmte Fassaden kannte man nicht.

Täglich anfallende Feuchtigkeit in der Wohnung

	Feuchtigkeitsabgabe
Mensch über Atmung/Schwitzen	1,0 Liter
Duschen/Baden	0,7 Liter
Waschen/Wäsche trocknen	0,5 Liter
Kochen	0,3 Liter
Pflanzen	0,5 Liter
Wassereintrag pro Person und Tag Das bedeutet **bei 4 Personen:**	 **3,0 Liter** **12,0 Liter**

© VZbuch Feuchtigkeit & Schimmelbildung, S. 35

Heute jedoch haben wir diesen Komfort und einen hohen Wohnstandard mit etlichen energetischen Verbesserungen. Weil das so ist, liegt es heute an uns und nicht an den „Umständen", Schimmel zu vermeiden. Wärmebrücken müssen unbedingt verhindert bzw. beseitig werden. Und wir Bewohner müssen richtig lüften. Es kann so einfach sein, doch vielfach scheint es schwerzufallen. So sollte man beim

Kochen bereits lüften, während der Wasserdampf entsteht. Und wenn von Lüften die Rede ist, heißt das immer: Das Fenster wird komplett geöffnet, am besten ist der sogenannte Durchzug. Da reichen je nach Raumgröße oftmals fünf bis sechs Minuten. Die heute so beliebten „offenen" Küchen dagegen sind leider nicht immer gut zu lüften Hier empfiehlt es sich, die Dunstabzugshaube einzuschalten und alle Fenster des Raumes zu öffnen.

Je kälter es draußen ist, desto kürzer sollten Sie querlüften. Kurzes Querlüften kühlt weder Mauerwerk noch Möbel aus. Probieren Sie es aus. Auch bei Nieselregen sollten drei- bis viermal täglich die Fenster geöffnet werden. Gekippte Fenster während der Heizperiode sind tabu. Es findet kein Luftaustausch statt, stattdessen wird nach draußen geheizt.

Es können auch bauliche Mängel Ursache für Schimmel sein. Eine ungedämmte oder undichte Wasserleitung, die unter Putz verläuft, ist dafür ein Beispiel. Oder bei der Innendämmung wurde keine Dampfsperre montiert. Die Folge: Luftfeuchtigkeit aus dem Zimmer dringt in die Innendämmung, kondensiert an der massiven Wandoberfläche, die durch die Dämmung sehr kalt ist. Dieser permanente Vorgang führt zur Schimmelbildung im Mauerwerk. Darüber hinaus gibt es noch unzählige weitere Ursachen für den Einzug dieser unangenehmen „Besucher" in Ihre Wohnräume. Bevor Sie Maßnahmen gegen dieses Problem ergreifen, sollten Sie Fachleute heranziehen. Denn ohne Ursachenbehebung lässt sich Schimmel nicht ausrotten. Oberflächen mit niedrigen Temperaturen lassen sich hervorragend mit der Thermografiekamera bestimmen. Deshalb wird diese Gebäudeanalyse auch vom BAFA gefördert.

Checkliste Innendämmung

- Sind die genauen baulichen Verhältnisse bekannt (Baustoffe, Aufbau der Geschossdecken)?
- Sind die zu dämmenden Außenwände trocken? Andernfalls Ursache klären.
- Befinden sich Wasserleitungen in den von innen zu dämmenden Außenwänden, die im Falle der Innendämmung einfrieren könnten?
- Ist ein Luftdichtigkeitskonzept erstellt (Anschluss an: Fußboden, Fenster, Türen, Innenwände, Decke)?
- Ist die Dämmung der Fensterlaibungen und Heizkörpernischen berücksichtigt?
- Müssen Dämmstreifen an anschließenden Innenwänden oder Geschossdecken angebracht werden?

Dachdämmung

Nichts ist so wirkungsvoll wie eine fachgerechte Dämmung. Dies gilt für alle wärmeübertragenden Flächen. Da Wärme ja bekanntlich nach oben zieht, gilt der Dachdämmung ein besonderes Augenmerk. Durch gute Dachdämmung lassen sich zwischen 15 und 25 Prozent Energiekosten einsparen. Das Dämmen hat einen wunderbaren weiteren Effekt: Im Winter kehrt Behaglichkeit ein in die Wohnräume. Im Sommer wiederum hält die richtige Dämmung auch die Hitze ab.

Auf welche Art und Weise und mit welchen Dämmstoffen am sinnvollsten gearbeitet wird, hängt immer von den örtlichen Gegebenheiten ab. Die einfachste Aufgabe stellt sich, wenn die Fläche unter dem Dach nicht genutzt wird und das auch in Zukunft so bleiben soll. Hier wird einfach der Fußboden des Dachraums gedämmt. Es können zum Beispiel Dämmplatten verlegt werden. Am besten werden diese in mehreren Lagen und mit versetzten Plattenstößen verlegt. So kann

Mit Steinwolle gedämmter Dachboden, teilweise begehbar ausgeführt.

keine kalte Luft unter die Platten gelangen. Wenn der Dämmstoff druckfest ist, können darüber noch Spanplatten verlegt werden. So machen Sie Ihren Dachboden begehbar.

Sollte der Dachboden uneben sein oder stark zergliedert, kann auf eine lose Schüttung, zum Beispiel Perlite, zurückgegriffen werden. Die Dämmstoffstärke sollte mindestens 20 Zentimeter, besser 25 oder gar 30 Zentimeter betragen. An der Dämmstoffstärke sollte grundsätzlich niemals gespart werden. Natürlich muss auch die Dachluke gedämmt werden. Das kann mit viel Arbeit verbunden sein. Man kann auch die alte gegen eine neue gedämmte und luftdicht schließende Luke austauschen.

Anders geht man vor, wenn der Dachboden ausgebaut werden soll. Drei Varianten sind möglich: Untersparrendämmung, Zwischenspar-

Zwischensparrendämmung und Kantholz-Aufdopplung quer zum Sparren für das Einbringen einer Untersparrendämmung, Kniestock inklusive. Elektroleitungen sind in der Dämmebene verlegt.

rendämmung oder Aufdachsparrendämmung. Bei der Untersparrendämmung wird die Dämmung unterhalb der Sparren, also im Innenbereich, angebracht. Bei der Zwischensparrendämmung verläuft die Dämmung, wie der Name schon sagt, zwischen den Sparren. Bei der Aufdachsparrendämmung wird die Dachhaut abgenommen, und oberhalb der Sparren wird gedämmt. Diese etwas aufwendige Prozedur bietet sich an, wenn die Ziegel ohnehin erneuert werden müssen oder die Wohnung im Dachgeschoss schon bewohnt ist.

Am meisten verbreitet ist die Zwischensparrendämmung. Hier werden Dämmstoffplatten oder Matten passend zugeschnitten und zwischen die Sparren gedrückt. Ganz wichtig sind die präzisen Anschlüsse an die Sparren. Schiefe Ecken und Kanten darf es nicht geben, sonst ent-

Im Bereich des späteren Bades ist eine Dampfsperre (blaue Folie), an anderen Stellen eine Dampfbremse (transparente Folie) luftdicht angeklebt. Die Dichtigkeit wird anschließend durch eine Blower-Door-Messung überprüft. Erst danach wird die Unterkonstruktion für die Innenverkleidung angebracht.

stehen Wärmebrücken. Wegen der geringen Höhe der Sparren kann eine ausreichende Dämmstoffstärke nur garantiert werden, wenn zusätzlich noch unter den Sparren gedämmt, also die Zwischensparrendämmung mit einer Untersparrendämmung kombiniert wird. Insgesamt sollte die Dämmstoffstärke mindestens 20 Zentimeter betragen. Grundsätzlich ist es gut, wenn die Bauteile die Grenzwerte einhalten, die die Energieeinsparverordnung ab 2009 vorschreibt. Dann werden die Werte um 30 Prozent niedriger liegen als bisher.

Ob Sie diese Arbeiten selbst ausführen oder von Fachleuten durchführen lassen, hängt sehr von Ihrem handwerklichen Geschick ab. Wir können nicht oft genug darauf hinweisen: Präzision ist unbedingt

Aufdachdämmung mit darunterliegender Dampfsperre.

erforderlich, um spätere Bauschäden, Schimmelbildung und andere Probleme zu verhindern. Außerdem wollen Sie ja die maximale Energieeinsparung erzielen. So ist ein besonderes Augenmerk auf die Dampfbremse zu richten, eine Folie, die das Eintreten von Raumluftfeuchte verhindert. Sie muss fugenlos verklebt und darf nicht beschädigt werden! Genau wie bei der Innendämmung von Außenwänden. Schon kleinste Ritzen können massiven Schaden anrichten. Durch die undichte Stelle kommen über Jahre große Mengen feuchter Luft. Die Feuchtigkeit dringt in die Dämmschicht ein und zerstört sie.

Werden Dämmschichten von außen auf den Sparren befestigt, so ist dies eine Aufdachsparrendämmung. Im Zuge einer Neueindeckung des Dachs kann sie umgesetzt werden. Auf dem Markt gibt es unterschiedliche, typgerechte Systeme. Auch hier ist unbedingt zu einer Dampfbremse zu raten. Die oben schon aufgeführten Punkte sind zu berücksichtigen. Schwierig ist besonders der luftdichte Anschluss an die Außenwand. Hier müssen an den Stellen der Sparrendurchdringung luftdichte Manschetten eingesetzt werden. Bei der Aufsparrendämmung gibt es keine Wärmebrücken.

Wärmebrücken

Als Wärmebrücke bezeichnet man einzelne, örtlich begrenzte Schwachstellen einer Baukonstruktion. Hier fließt mehr Wärme als in den umgebenden Flächen. Eine Wärmebrücke bewirkt an einzelnen Stellen niedrigere Oberflächentemperaturen. Dadurch kondensiert Wasserdampf zu Wasser – sogenanntes Tauwasser, der Nährboden für Schimmel. Darüber hinaus erhöhen Wärmebrücken die Wärmeverluste, der Energiebedarf steigt. Eine typische Wärmebrücke ist zum Beispiel die nach außen durchgezogene Betondecke des Balkons. Auch der Anschluss der Fenster wird bei unsachgemäßem Anbindung ans Mauerwerk zur Wärmebrücke. Wärmebrücken verursachen Bauschäden. Deshalb ist es wichtig, diese Schwachstellen durch Thermografieaufnahmen und/oder eine Blower-Door-Untersuchung aufzudecken. Und im Rahmen einer Dämmung sollten sie unbedingt beseitigt werden.

Das Flachdach muss ebenso gedämmt werden wie das Steildach. Die Wärmedämmung bei Flachdächern schützt im Sommer vor Hitze und im Winter vor Wärmeverlusten. Da Flachdächer begehbar sind, muss die Wärmedämmung Druck aushalten können. Die Attika wird an allen Seiten gedämmt, damit keine Wärmebrücken entstehen. Insbesondere für nichtbelüftete Warmdächer kommen verrottungsfeste Dämmstoffe in Frage. Sie sollten zweilagig oder mit Falz-Fugenbildung verlegt werden. Oftmals bietet sich eine Gefälledämmung an. Die dünnste Stelle der Gefälledämmung sollte keinesfalls weniger als fünf Zentimeter stark sein. Bei belüfteten Flachdächern (Kaltdächern) befindet sich zwischen

Witterungsschutz und Wärmedämmung ein durchlüfteter Hohlraum oder ein kleiner Dachraum. Dieser Hohlraum kann oftmals sehr leicht mit Zelluloseflocken ausgeblasen werden.

Viele Firmen haben spezielle Dämmplatten oder ein komplettes System für die Isolierung von Flachdächern entwickelt. Meistens lässt sich die Dämmung einfach auf der vorhandenen Konstruktion aufbringen. Nur in Problemfällen, etwa bei einer bereits vorhandenen, durchnässten Wärmedämmung, ist die Sanierung aufwendiger. Eine Flachdachsanierung kostet je nach Aufwand zwischen 100 und 200 Euro pro Quadratmeter. (Quelle: www.energie-sparen-im haushalt.de)

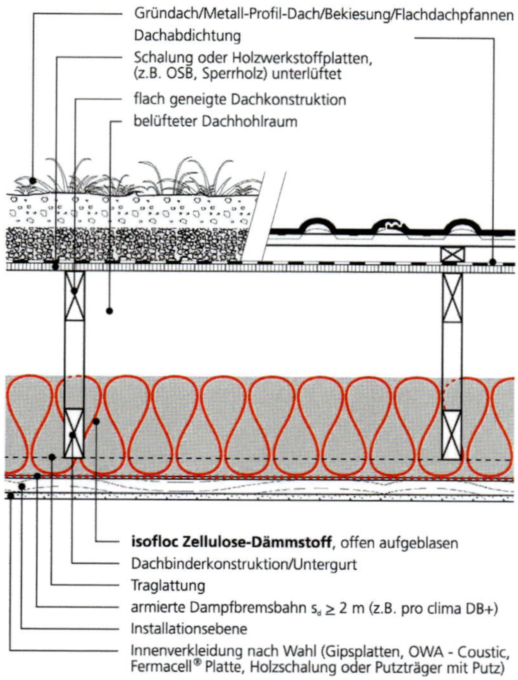

Hinterlüftetes Kaltdach/Flachdach mit Zellulose-dämmung.

Checkliste Dachdämmung

Steildach

- Welche Dämmung ist die passende: Unter-, Zwischen- oder Aufdachsparrendämmung?
- Sind mehrere Dämmarten kombinierbar?
- Sind die Abseiten, der Spitzboden, die Gauben und die Innenwände zu kalten Zimmern ins Dämmkonzept eingebunden?
- Ist die Vermeidung von Wärmebrücken bis in das kleinste Detail durchdacht?
- Ist die Luftdichtigkeit durchgängig geplant?
- Ist die Tragfähigkeit des Dachstuhls bzw. der obersten Geschossdecke für die zusätzlichen Lasten der Modernisierung ausreichend?
- Muss für den Um- oder Ausbau des Daches eine Baugenehmigung eingeholt werden?

Fenster lassen Licht herein und Wärme heraus

Glas ist nicht gleich Glas

Die Qualität von Fenstern und Verglasungen hat sich in den vergangenen Jahren sehr verbessert. Diese Entwicklung sollten Sie sich zunutze machen. Denn neue Fenster verringern den Heizenergieverbrauch und bieten hohen Wohnkomfort. Die Wärmeverluste über die Fenster, die sogenannten Transmissionsverluste, werden wesentlich von der Verglasung beeinflusst. Ein Beispiel: Sind es draußen –10 °C, beträgt die Innentemperatur bei der Einfachverglasung –1 °C.

Vielleicht erinnern Sie sich noch an das Phänomen der Eisblumen auf der Scheibe. In der 70er Jahren wurde die Einfachverglasung von der Zweischeiben-Isolierverglasung abgelöst. Die Transmissionsverluste konnten durch diese zweite Scheibe um rund 50 Prozent reduziert werden. Seit Inkrafttreten der Wärmeschutzverordnung 1995 ist Wärmeschutzverglasung vorgeschrieben. Hierdurch werden die Wärmeverluste nochmals halbiert. Das wird durch eine die Wärmestrahlung reflektierende Schicht auf einer Scheibe und eine Edelgasfüllung im Scheibenzwischenraum bewirkt.

Einbau von Wärmeschutzverglasung

Wärmeschutzverglasung ist heute im Erneuerungsfall als Mindestanforderung durch die EnEV vorgeschrieben. Bei sehr gutem Zustand des Rahmens der Altfenster genügt es, das Fensterglas auszutauschen. Wärmeschutzverglasung besteht aus zwei (Fenster U-Wert 1,0 –1,5 W/m^{2}K) bzw. drei Scheiben (Fenster U-Wert 0,7 W/m^{2}K) und ist in Gewicht und Abmessungen mit Isolierverglasung vergleichbar. Die Dämmeigenschaften sind gegenüber dem normalen Isolierglas um 40–50 Prozent (Wärmeschutzverglasung zweifach) bzw. 75 Prozent (Wärmeschutzverglasung dreifach) verbessert. Dafür sorgen eine Edelgasfüllung im Scheibenzwischenraum und eine unsichtbare Metallbedampfung der raumseitigen Scheibe. Hier wird die Wärmestrahlung wieder nach innen reflektiert. Die Licht- und Strahlungsdurchlässigkeit ist nur geringfügig gemindert. Die Metallbedampfung beeinflusst nicht die Farbwiedergabe des Tageslichts.

Der Abstandshalter zwischen den Scheiben sollte nicht mehr aus Aluminium bestehen, sondern wegen der besseren Dämmeigenschaften aus Kunststoff, Edelstahl oder einem Edelstahlprofil plus Kunststoffüberzug.

Die Wärmeschutzverglasung bietet viele Vorteile:

- Südlich orientierte Fenster werden zu Sonnenkollektoren: Die jährlichen Wärmeverluste über die Scheiben sind vergleichbar mit den Wärmegewinnen durch Sonneneinstrahlung.
- Mehr Behaglichkeit durch eine wärmere Innenoberfläche der Scheibe. Selbst bei –10 °C Außentemperatur beträgt diese noch +15,1 °C.
- Die Wärmeverluste der Fenster halbieren sich gegenüber isolier- oder doppelverglasten Fenstern noch einmal. Wärmeschutz-Isolierglas lässt sich meist ohne Probleme in bisher isolierverglaste Fensterrahmen einbauen.
- Die Dämmwirkung ist Tag und Nacht höher als bei normalem Isolierglas mit Rollläden oder Vorhängen. Wärmeschutzverglasung und zusätzlich herunter gelassene Rollläden verbessern den Energiespareffekt natürlich noch weiter.

Fensterrahmen

Der Anteil des Rahmens an der Gesamtfläche eines Fensters beträgt zwischen 15 und 40 Prozent. Damit sind entsprechend hohe Wärmeverluste verbunden. Die herkömmlichen Fensterrahmen aus Holz und Kunststoff mit U_f-Werten des Rahmens unter 2,0 W/m^2K und Alu- bzw. Metallrahmen mit Werten über 2,0 W/m^2K entsprechen nicht mehr einem optimalen Dämmstandard und sind im Niedrig- und Passivhaus die größten Wärmebrücken. Auch im Altbau sollten in Zukunft bessere Fensterrahmen eingesetzt werden. Inzwischen gibt es viele Anbieter auf dem Markt, die mit verschiedenen Rahmensystemen eine Verbesserung des U_f-Wertes erzielen. Das geschieht über das Vorsetzen einer Kunststoff–Hohlkammer bis zu der Verwendung von Purenit und einem PUR-Hartschaumkern oder dem Einschieben von Dämmprofilen in die Hohlkammer der Rahmenkonstruktion. Sie erzielen damit U_f-Werte von 0,8 – 1,3 W/m^2K.

Das Rahmenmaterial

Bei den Dämmeigenschaften liegen Holzrahmen zwischen Aluminium- und Kunststofffensterrahmen. Im Gegensatz zu Aluminium und Kunststoff ist Holz ist ein grundsätzlich ökologisches Rahmenbaumaterial: Die Bäume benötigen zum Wachsen CO_2 aus der Atmosphäre; der darin enthaltene Kohlenstoff wird eingelagert, der Sauerstoff freigesetzt. Achten Sie bei Holzfensterrahmen jedoch darauf, dass heimische Hölzer verwendet wurden. Kunststoff- und Aluminiumfensterrahmen sind in ihrer Herstellung wesentlich energieintensiver; Aluminium leitet zudem Wärme besonders stark. Die Rahmenprofile müssen zusätzlich gedämmt werden, meist mit PUR-Hartschaum. Der Vorteil der beiden Rahmenbaumaterialien Kunststoff und Aluminium liegt in der Pflege und Langlebigkeit. Die Beschläge natürlich ausgenommen.

Leitfaden zur Abdichtung von Fenstern

Die erhöhten Anforderungen an den Wärmeschutz und an die Dichtheit der Gebäudehülle verlangen, dass die geltenden Normen eingehalten und die bauphysikalischen Grundsätze beim Einbau von Fenstern und Fassaden berücksichtigt werden. Werden die bauphysikalischen Anforderungen erfüllt, so sind wesentliche Voraussetzungen geschaffen, um

- dem Nutzer ein angenehmes und gesundes Raumklima zu ermöglichen,
- die Baukonstruktion vor klimabedingten Schäden zu schützen,
- den Energieverbrauch zu mindern.

Ganz wichtig ist der Anschluss der Fensterrahmen zum Mauerwerk. Ist dieser Übergang nicht fachgerecht ausgeführt, drohen auf lange Sicht Bauschäden, Schimmel und verringerte Energieeinsparung.

- Die Konstruktion muss raumseitig umlaufend luftdicht ausgeführt werden.
- Die Trennung von Raum- und Außenklima ist dampfdiffusionsdichter auszuführen als der Wetterschutz.
- Die Regendichtheit der äußeren Wetterschutzebene ist sicherzustellen.

Dämmung der Anschlussfuge zwischen Fenster und Wand

Als Dämmstoffe für die Verfüllung der Anschlussfuge kommen beispielsweise in Frage:

- Mineralwolle
- Schaumstofffüllbänder
- Naturprodukte (Schafwolle, Sisal, Flachs, Kork, Hanf)

Die Verfüllung des Bereichs zwischen Bauteil und Wand mit Dämmstoffen dient einzig dem Wärme- und Schallschutz und ist nicht gleichzusetzen mit der Abdichtung gegen Feuchtigkeit; es werden in der Regel keine ausreichend luft- und wasserdichten Anschlüsse erreicht.

Abdichtung

Die Anschlussfuge zwischen Fenster und Baukörper ist eine Bewegungsfuge. Der Dichtstoff ist darauf abzustimmen. Für die Abdichtung eignen sich:

- spritzbare Dichtstoffe, welche auf dem Untergrund haften müssen, deshalb ist der Untergrund vorzubehandeln;
- imprägnierte Schaumkunststoffbänder, die sich in der Fuge ausdehnen, sie eignen sich für die Abdichtung gegen bestehenden Putz;
- Dichtungsbahnen (Isobutylen- oder Butyl-Dichtungsbänder und Elastomer-Fugenbänder, sie eignen sich für Fugen, die breiter sind als 20 Millimeter).

Die Kosten für Fenster mit Wärmeschutzverglasung liegen je nach Einbruchstandard und Ausstattung zwischen 400 und 600 Euro pro Quadratmeter inklusive Montage und Entsorgung der alten Fenster. Aufgrund der verhältnismäßig hohen Quadratmeterpreise rechnet sich der Einbau neuer Fenster nach zehn bis 25 Jahren. Ist die Verglasung älter als 20 Jahre, kann der Einbau von Wärmeschutzverglasung heutigen Standards (zwei Scheiben) die Wärmeverluste bereits um über die Hälfte verringern.

Der U-Wert, früher k-Wert genannt, wird durch die Dicke sowie die Dämmgüte, die sogenannte Wärmeleitfähigkeit, des Baustoffes bestimmt. Er ist ein Maß für die Wärmeverluste und sollte möglichst klein sein. Die Senkung des U-Wertes um 0,1 W/m^2K bringt eine Ersparnis von rund einem Liter Heizöl pro Quadratmeter Fensterfläche und Jahr.

Zum Vergleich:

U-Wert eines Fensters mit Einfachverglasung:	5,0 W/m²K
U-Wert eines Fensters mit Aluminiumrahmen, nicht therm. getrennt:	4,3 W/m²K
U-Wert von Glasbausteinen	3,5 W/m²K
U-Wert eines Fensters mit Isolierverglasung (ca. 1970–1990):	3,0 W/m²K
U-Wert eines Fensters mit Wärmeschutzverglasung (WSV):	1,3 W/m²K
U-Wert eines Fensters mit 3-Scheiben-WSV:	0,8 W/m²K

Bei Wärmeschutzverglasung ist der Luftraum zwischen den Scheiben mit Argon, einem Edelgas, gefüllt. Der Scheibenzwischenraum sollte 16 Millimeter betragen. Die Abstandshalter der beiden Scheiben sollten nicht mehr aus Aluminium bestehen, da Aluminium eine sehr große Wärmebrücke bildet.

Es gibt inzwischen Abstandshalter aus Edelstahl oder Kunststoff, die wesentlich bessere Dämmeigenschaften aufweisen. Der Fensterrahmen sollte aus einem Profil mit mindestens fünf Luftkammern bestehen. Lassen Sie neue Fenster nach den RAL-Einbaurichtlinien einbauen. Diese haben luftdichte, aber diffusionsoffene Rahmenanschlüsse zur Außenwand. Die EnEV gibt für Fenster einen U-Wert von maximal 1,7 W/m²K vor. Aus Sicht der Energieberatung sollten die vorgeschriebenen Mindestwerte unterschritten werden, allein schon weil mittlerweile wesentlich bessere Qualitäten angeboten werden. In den Angeboten der ausführenden Unternehmen wird in der Regel nur der U-Wert des Glases angegeben (zwischen 1,0 W/m²K und 1,3 W/m²K bei Zweischeiben-Wärmeschutzverglasung). Ausschlaggebend ist allerdings der U-Wert des **gesamten** Fensters.

U_g: U-Wert des Glases („g" für „glass")
U_f: U-Wert des Rahmens („f" für „frame")
U_w: U-Wert des gesamten Fensters („w" für „window")

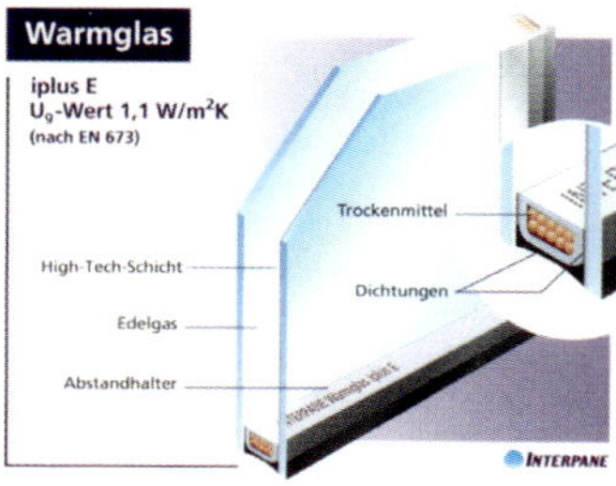

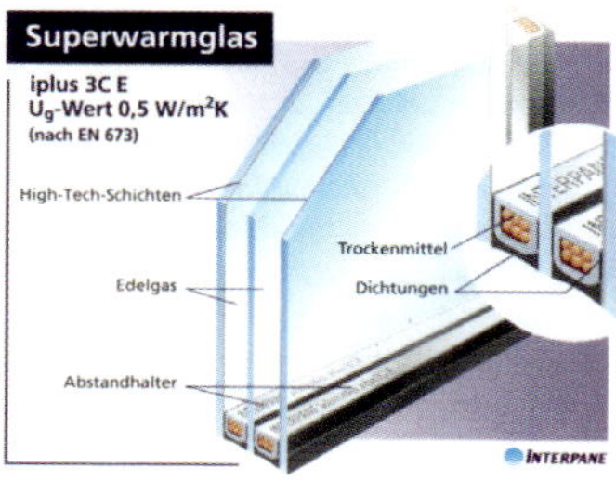

Fühlen Sie sich in unmittelbarer Nähe Ihrer Fenster unbehaglich, so kann dies mehrere Gründe haben:

- Die Verbindung zwischen Blend- und Flügelrahmen ist nicht mehr luftdicht. Es kann Zug entstehen.
- Die Fenster schließen aufgrund von Materialermüdung (Dichtlippen, verzogene Flügelrahmen) nicht ordentlich, Wärmeverlust und Zug sind die Folge.
- Die Dämmeigenschaften von Fenstern sind im Vergleich zu anderen Bauteilen grundsätzlich schlechter. Dies macht sich vor allem durch niedrige Temperaturen auf der Raumseite bemerkbar. An diesen Stellen kühlt sich die warme Raumluft sehr schnell ab. Dieser natürliche Vorgang wird dann gerade bei alten und großen Fensterflächen als sehr ungemütlich empfunden. Dies gilt auch für ungedämmte Rollladenkästen (siehe S. 125).

Es ist zu bedenken, dass mit der Erneuerung der Fenster ohne Dämmung der Außenwand das Risiko steigt, dass sich Feuchtigkeit in Raumecken oder an anderen baulichen Wärmebrücken niederschlägt.

Der Grund ist, dass sich der Wärmeschutz der Fenster gegenüber der Außenwand deutlich verbessert und die Verglasung mitunter nicht mehr die kälteste Stelle im Wohnraum darstellt. Fenstermodernisierungen sollten daher möglichst mit der Verbesserung des Außenwand-Wärmedämmstandards einhergehen. Wenn irgend möglich kombinieren Sie die Fenstermodernisierungen mit der Dämmung der Außenfassade.

Checkliste Fenster

- Wie alt sind die Fenster, welche energetische Qualität (U-Wert) haben sie, und aus welchem Material bestehen die Rahmen?
- Kann eine Verbesserung durch Einstellung der Beschläge und Erneuerung der Dichtungen erreicht werden?
- In welchem Zustand sind die Fensterrahmen? Bei gutem Zustand ist es möglich, lediglich die Verglasung auszutauschen.
- Soll Zweifach- oder Dreifach-Wärmeschutzverglasung eingesetzt werden?
- Sind bei Fensteraustausch ein luftdichter Einbau und eine Laibungsdämmung sichergestellt?
- Werden die Fenster ausgetauscht und gleichzeitig die Außenwand gedämmt? Dann die Fenster außenbündig mit der Wand oder in der Dämmebene montieren und den Rahmen vier Zentimeter mit Dämmstoff überdecken.
- Sind die Rollladenkästen gedämmt?
- Ist ein Sonnenschutz nötig?
- Ist eine Verbesserung des Schallschutzes erforderlich?

Lüftungsanlage

Gesunde Raumluft und angenehmes Klima

Spätestens nach zwei Stunden haben drei Menschen in einem hermetisch abgeschlossenen 45 Quadratmeter großen Zimmer durch ihre Atmung den CO_2-Gehalt in der Luft so weit ansteigen lassen, dass die Wohlfühl-Grenze überschritten ist. Gut eine Stunde später lässt das Konzentrationsvermögen nach. Die verbrauchte Luft muss nach draußen, und frische Luft muss hinein. Es sind aber nicht nur wir Menschen, auch Möbel, Reinigungsmittel und Teppiche hinterlassen ihre unsichtbaren Spuren im Raum.

Zur schlechten Luft kommt häufig noch das Problem der Luftfeuchtigkeit (siehe auch Kapitel Innendämmung, Schimmel). Unterhalb von 40 Prozent wird die Luft als unangenehm trocken empfunden, und Bakterien und Viren können sich ausbreiten. Ab 60 Prozent besteht die Gefahr des Schimmelpilzwachstums. Wir raten deswegen zur Anschaffung eines Hygrometers. So kennen Sie immer die aktuelle Luftfeuchtigkeit im Raum – und können sich entsprechend verhalten.

Wer auf Nummer sicher gehen möchte, auch bei längerer Abwesenheit Frischluft in den Wohnräumen haben will oder einfach auf Komfort Wert legt, ist mit einer mechanischen Lüftung gut beraten. Dezentrale Lüftung mit Zu- und Abluft stellt das Lüften automatisch sicher. Lüftungsanlagen sorgen entweder kontinuierlich oder bedarfsgesteuert für einen Austausch der Raumluft. Eine konstant bleibende Raumluft mit niedrigem CO_2-Gehalt und einer Luftfeuchtigkeit zwischen 40 bis 60 Prozent ist angenehm und senkt die Heizkosten deutlich. Ein modernes Niedrigenergie- oder Passivhaus ist ohne Lüftungsanlage nicht realisierbar, denn die Wärmerückgewinnung aus der Raumluft ist für diese zukunftsfähigen Häuser elementar.

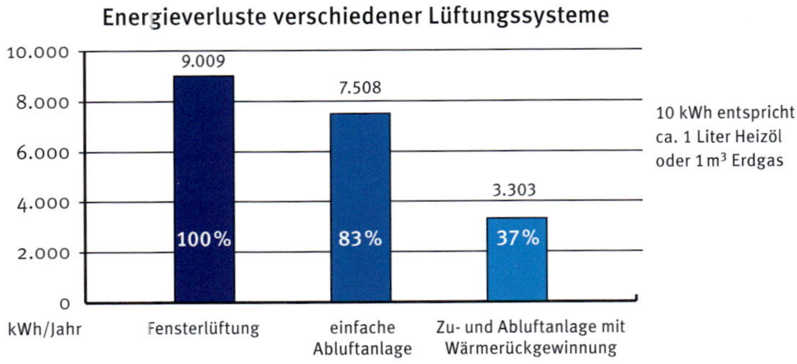

© Broschüre Siegenia, S. 5 unten

Nun werden Sie in Ihrer bestehenden Immobilie nachträglich keine Lüftungsanlage einbauen wollen. Das empfiehlt sich nur beim Neubau oder einer kompletten Rundumsanierung. Wenn Sie aber auf die Annehmlichkeit einer mechanischen Lüftung nicht verzichten wollen, können Sie in den Räumen, die an eine Außenwand grenzen, dezentrale Lüftungsgeräte einbauen. Auf dem Markt gibt es viele technisch ausgereifte Lüftungsgeräte mit unterschiedlichen Leistungsstufen und diversen Zusatzfunktionen. Von wirksamen Filtern, die für Allergiker interessant sein können, bis zur integrierten Schalldämmung gibt es Lösungen für jeden Einsatzbereich. Wichtig ist vor allem, dass die Geräte über eine integrierte Wärmerückgewinnung verfügen. Da die meisten der Lüftungsgeräte nur niedrige Eigengeräusche verursachen, können sie auch in Schlaf- und Kinderzimmern installiert werden. Sollen Räume, die nicht an eine Außenwand grenzen, zum Beispiel Bäder, belüftet werden, muss die Lüftungsanlage mit einer Abluftleitung ausgestattet sein.

© Siegenia Aubi

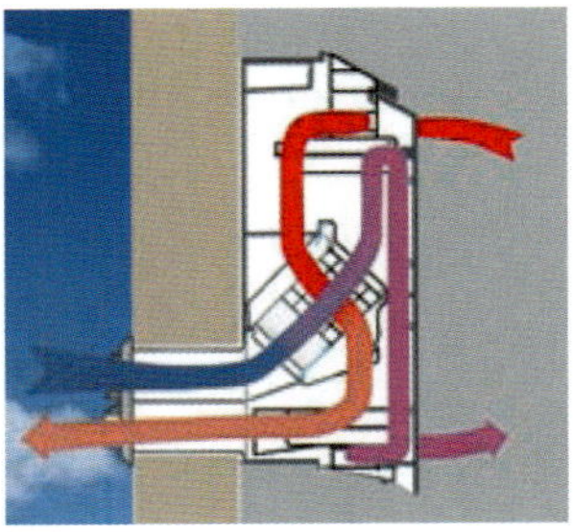

Außenwandlüfter mit integrierter Wärmerückgewinnung.

Förderungen

Die deutsche Bundesregierung fördert erneuerbare Energien durch Forschung und Entwicklung sowie verschiedene Maßnahmen zur Marktentwicklung. Das Marktanreizprogramm zur Förderung von Maßnahmen zur Nutzung erneuerbarer Energie dient primär dem Ausbau der Wärmeerzeugung aus Solarenergie, Geothermie und Biomasse. Kleinere Anlagen werden mit Zuschüssen unterstützt, größere mit zinsverbilligten Darlehen.

Seit 2007 stehen wesentlich mehr Mittel dafür zur Verfügung. Im Rahmen der Klimaschutzinitiative der Bundesregierung wurden die Mittel gegenüber 2006 verdoppelt. Bis Ende 2007 wurden über 650 000 Solarkollektoranlagen mit einer Fläche von rund 5 Millionen Quadratmetern aus diesem Programm gefördert. Es wurden darüber hinaus 132 400 kleine Biomassekessel installiert. Die hierdurch angeschobenen Investitionen belaufen sich auf 5 Milliarden Euro für Solarkollektoren und 2,2 Milliarden Euro für kleine Biomasseanlagen.

Insgesamt wurden im Rahmen des Marktanreizprogramms mit den zur Verfügung gestellten Mitteln in Höhe von über 965 Millionen Euro bis Ende 2007 mehr als 788.000 Investitionsvorhaben zur Nutzung erneuerbarer Energien gefördert und damit ein Investitionsvolumen von über 8,2 Milliarden Euro angeschoben.

Der Weg durch den Förder-Dschungel

Wir führen Sie in diesem Kapitel durch den Dschungel der zahlreichen Förderprogramme. Dabei beschränken wir uns auf die bundesweit einheitlichen. Das heißt, Sie lesen nun, welche finanzielle Unterstützung durch die Kreditanstalt für Wiederaufbau (KfW) und durch das Bundesamt für Wirtschaft und Ausfuhrkontrolle (BAFA) gewährt wird. Darüber hinaus gibt es in Deutschland nach Auskunft von Förderdata, der größten deutschen Datenbank für Fördermittel, rund 4 000 unterschiedliche Förderungen. Lassen Sie sich also durch einen Energieberater unterstützen, wenn Sie Maßnahmen planen. Er kann Ihnen sagen, welche Förderungen in Ihrem Bundesland, Ihrer Stadt oder Kommune über die KfW- und BAFA-Programme hinaus für Sie relevant sein können. Wichtig ist auch zu wissen, wann die Fördermittel beantragt werden müssen.

Wenn Sie Fördermittel, ob als Darlehen oder Zuschuss, von der KfW und/oder vom BAFA beantragen möchten, sollten Sie einen Energieberater hinzuziehen. Er kann Sie nicht nur beraten, sondern schafft durch seine Expertise auch die Voraussetzung, dass die Daten und Fakten eingereicht werden, die die Grundlage für die Bewilligung sind. Sind Fördermittel bewilligt, so werden diese über Ihre Hausbank durchgeleitet. Sprechen Sie rechtzeitig mit Ihrer Hausbank oder Ihrer Bausparkasse, denn die Erfahrung zeigt, dass nicht alle Banken dazu bereit sind. Vielen möchten verständlicherweise ihre eigenen Produkte verkaufen. Eine Verpflichtung zur Durchleitung besteht nicht.

Wir nennen hier ganz bewusst keine Zinssätze, denn diese unterliegen fast täglichen Schwankungen. Auf den Internetseiten der KfW und des BAFA finden Sie weitere Informationen.

BAFA-Energieberatung

Mit intelligenter Einsparung von Energie in bestehenden Wohngebäuden können Eigentümer und Mieter bei gleich bleibendem oder verbessertem Wohnkomfort viel Geld sparen und zugleich einen Beitrag zum Klimaschutz leisten. Eine qualifizierte und unabhängige Energieberatung entscheidet in zahlreichen Fällen darüber, ob das Geld, das in die energetische Sanierung oder Modernisierung von Wohngebäuden gesteckt wird, auch zu möglichst umfangreichen Einspareffekten führt.

Hier bietet das BAFA finanzielle Unterstützung an in Form der Vor-Ort-Beratung durch Energieberater. Die Vor-Ort-Beratung wird mit bis zu 410 Euro einschließlich Stromeinsparberatung vom BAFA unterstützt. Eigentümer und Mieter erhalten Gutachten mit detaillierten technischen Hinweisen darüber, ob Verbesserungen des Wärmeschutzes bauphysikalisch sinnvoll sein können, eine Umstellung oder Erneuerung der Heizungsanlage empfehlenswert ist und eine Nutzung erneuerbarer Energie infrage kommt. Der Energieberater ermittelt die Kosten, die für diese Maßnahmen anfallen, und berechnet deren Wirtschaftlichkeit.

Bezuschusst werden die Vor-Ort-Beratungen für Gebäude, deren Baugenehmigung vor 1994 erteilt wurde. Die Förderanträge sind von antragsberechtigen, beim BAFA gelisteten (siehe: www.bafa.de) Energieberatern **vor** Beginn der Beratung an das BAFA zu richten.

Geld für Thermografie

Das BAFA gewährt finanzielle Zuschüsse zur Thermografie. Zum einen kann die Thermografie in die Vor-Ort-Beratung integriert sein. Der Zuschuss für diese Integration von Ergebnissen thermografischer Untersuchungen in einem Vor-Ort-Beratungsbericht beträgt 25 Euro pro Thermogramm, jedoch höchstens 100 Euro. Möchten Sie einen umfangreichen Thermografiebericht mit mindestens vier verschiedenen Aufnahmen Ihrer Immobilie, dann gibt es auch hierfür Fördermittel vom BAFA. Bei einem Thermografiegutachten liegt der BAFA-Anteil bei 150 Euro, jedoch höchstens bei 50 Prozent der Gutachtenkosten.

Förderung von Maßnahmen zur Nutzung erneuerbarer Energien

Wer erhält eine Förderung?

Privatpersonen, freiberuflich Tätige, kleine und mittlere Unternehmen, Kommunen und gemeinnützige Investoren sind antragsberechtigt. Der Eigentümer, Pächter oder Mieter des Grundstücks, auf dem die Anlage errichtet werden soll, ist der Auftraggeber.

Was wird gefördert?

Gefördert werden die Errichtung und die Erweiterung von:

- Solarkollektoranlagen
- Anlagen zur Verbrennung von fester Biomasse
- effizienten Wärmepumpen

Wann wird das Geld beantragt?

Bis zu 500 Millionen Euro stehen 2009 insgesamt zur Förderung der oben genannten Maßnahmen zur Verfügung. Über die Bewilligung der Anträge entscheidet im Auftrag des Bundesumweltministeriums das Bundesamt für Wirtschaft und Ausfuhrkontrolle (BAFA). Die Antragsstellung erfolgt zusammen mit der Rechnung spätestens sechs Monate nach Herstellung der Betriebsbereitschaft.

Solaranlagen – was wird bezahlt?

- Solarkollektoranlagen zur Warmwasserbereitung (bis 40 m^2 Kollektorfläche): 60 Euro/qm und mindestens 410 Euro je Anlage.
- Solarkollektoranlagen zur kombinierten Warmwasserbereitung und Heizungsunterstützung (bis 40 m^2 Kollektorfläche): 105 Euro/qm.
- Solarkollektoranlagen zur kombinierten Warmwasserbereitung und Heizungsunterstützung (über 40 m^2 Kollektorfläche): 105 Euro/qm bis 40 m^2, 45 Euro/qm ab 40 m^2.

Wärmepumpen – was wird bezahlt?

- Luft/Wasser-Wärmepumpe für Bestandsgebäude, Arbeitszahl mind. 3,3: 10 Euro/m² Wohnfläche, maximal 1.500 Euro.
- Luft/Wasser-Wärmepumpe für Neubau, Arbeitszahl mind. 3,5: 5 Euro/m² Wohnfläche, maximal 850 Euro.
- Sole/Wasser- oder Wasser/Wasser-Wärmepumpe für Bestandsgebäude, Arbeitszahl mind. 3,7: 20 Euro/m² Wohnfläche, maximal 3.000 Euro.
- Sole/Wasser- oder Wasser/Wasser-Wärmepumpe für Neubau, Arbeitszahl mind. 4: 10 Euro/m² Wohnfläche, maximal 2.000 Euro.

Biomasseheizungen – was wird bezahlt?

- Scheitholzvergaser 15–50 kW mit Speicher mind. 55 l je kW: 1.125 Euro pro Anlage.
- Holzhackschnitzel 5–100 kW mit Speicher mind. 30 l je kW: 1.000 Euro pro Anlage.
- Pelletofen luftgeführt 8–100 kW: 36 Euro/kW, mindestens 1.000 Euro pro Anlage.
- Pelletkessel 5–100 kW mit neuem Speicher ab 30 l je kW: 36 Euro/kW, mindestens 2.500 Euro pro Anlage.
- Pelletofen mit Wassertasche 5–100 kW: 36 Euro/kW, mindestens 1.000 Euro pro Anlage.
- Pelletkessel 5–100 kW: 36 Euro/kW, mindestens 2.000 Euro pro Anlage.

Zusätzlich kann **eine** der drei aufgelisteten Bonusförderungen in Anspruch genommen werden:

1. Effizienzbonus
   Installation einer Solarkollektoranlagen zur kombinierten Warmwasserbereitung und Heizungsunterstützung oder einer Biomasseheizung: Effizienzbonus bis zum Zweifachen der Basisförderung,

wenn die Anlage in besonders effizienten Gebäuden mit geringem Primärenergiebedarf eingebaut wird und dadurch eine geringere Kostenersparnis an fossilen Energien erzielt werden kann.

2. Bonus für Kesseltausch
   Installation einer Solarkollektoranlage zur kombinierten Warmwasserbereitung und Heizungsunterstützung und gleichzeitig erstmaliger Einbau einer Brennwertheizung: Kesseltausch-Bonus von 750 Euro.
3. Kombinationsbonus
   Installation einer Solarkollektoranlage und gleichzeitiger Einbau einer Holzheizung oder einer Wärmepumpe: Kombinationsbonus von 750 Euro.

Innovation wird auch gefördert:

- Biomasseheizungen mit „Brennwertnutzung" oder Abscheidung der im Abgas enthaltenen Partikel: Innovationsbonus pauschal 500 Euro je Anlage.
- Solarkollektoranlagen: Zuschuss von 210 Euro je m^2 Kollektorfläche für die Erstinstallation von großen Solaranlagen (20–40 m^2) für Wohngebäude mit mind. 3 Wohneinheiten, für Nichtwohngebäude mit mind. 500 m^2 Nutzfläche, zur Bereitstellung von Prozesswärme oder zur solaren Kälteerzeugung. Die Anlagen müssen besondere Qualitätsanforderungen erfüllen.
- Wärmepumpen: Erhöhung der Fördersätze und Fördergrenzen um 50 Prozent der Basisförderung für Wärmepumpen mit einer Arbeitszahl von mindestens 4,7 (Neubau) bzw. 4,5 (Bestand)

Die Anträge müssen **vor** Beginn der Maßnahme gestellt werden. Die Maßnahmen können kumuliert werden. Die Gesamtförderung darf aber das Zweifache des nach diesen Richtlinien gewährten Förderbetrages nicht überschreiten.

Basis- und Bonusförderung im Marktanreizprogramm 2008, Stand: Juni 2008

Förderung / Maßnahme		Basisförderung	Kesseltausch-bonus	Regenerativer Kombinations-bonus	Effizienzbonus Stufe 1	Effizienzbonus Stufe 2	Umwälzpumpen-bonus	Solarpumpen-bonus
SOLAR – Errichtung einer thermischen Solaranlage zur ...	... Warmwasserbereitung bis max. 40 qm Kollektorfläche	60 €/qm Kollektorfläche, mindestens 410 €	375 €		-	-		
	... kombinierten Warmwasserbereitung und Heizungsunterstützung bis max. 40 qm Kollektorfläche, zur solaren Kälteerzeugung oder zur Bereitstellung von Prozesswärme	105 €/qm Kollektrofläche. Bei Flachkollektoren: Mind. 9 qm Kollektorfläche, mind. 40 l/qm Pufferspeichervolumen. Bei Röhrenkollektoren: Mind. 7 qm Kollektorfläche, mind. 50 l/qm Pufferspeichervolumen		750 €	52,50 €/qm	105 €/qm	200 € je Heizungsanlage	50 € je Pumpe
	... kombinierten Warmwasserbereitung und Heizungsunterstützung auf Ein- und Zweifamilienhäusern mit mehr als 40 qm Kollektorfläche und einem Pufferspeichervolumen von mind. 100 l/qm Kollektorfläche	105 €/qm Kollektorfläche bis 40 qm + 45 € pro qm Kollektorfläche über 40 qm. Mindestvolumen des Pufferspeichers: 100 l /qm	750 €		52,50 €/qm (+22,50 €/qm ab >40 qm)	105 €/qm (+45 €/qm ab >40 qm)		
	Erweiterung einer bestehenden Solaranlage	45 €/qm zusätzlicher Kollektorfläche	-	-	-	-		-
BIOMASSE – Errichtung eines / einer ...	... luftgeführten Pelletofens von 8 kW bis 100 kW oder eines Pelletofens mit Wassertasche von 5 kW bis 100 kW	36 €/kW, mindestens 1000 €	-		18 €/kW, mind. 500 €	36 €/kW, mind. 1000 €		-
	... Pelletkessels von 5 kW bis 100 kW	36 €/kW, mindestens 2000 €	-		18 €/kW, mind. 1000 €	36 €/kW, mind. 2000 €		-
	... Pelletkessels von 5 kW bis 100 kW mit neu errichtetem Pufferspeicher von mind. 30 l/kW	36 €/kW, mindestens 2500 €	-	750 €	18 €/kW, mind. 1250 €	36 €/kW, mind. 2500 €	200 € je Heizungsanlage	-
	... Anlage zur Verfeuerung von Holzhackschnitzeln von 5 kW bis 100 kW mit einem Pufferspeicher von mind. 30 l/kW	1.000 €	-		500 €	1.000 €		-
	... Scheitholzvergaserkessels von 15 kW bis 50 kW	1.125 €	-		562,50 €	1.125 €		-
WÄRME-PUMPE	Errichtung einer Luft/Wasser-Wärmepumpe	Neubau: 5 €/qm Wohn- oder Nutzfläche, max. 850 €; Bestand: 10 €/qm Wohn- oder Nutzfläche, max. 1500 €	-	750 €	-	-	-	-
	Errichtung einer Wasser/Wasser oder einer Sole/Wasser-Wärmepumpe	Neubau: 10 €/qm Wohn- oder Nutzfläche, max. 2000 €; Bestand: 20 €/qm Wohn- oder Nutzfläche, max. 3000 €	-		-	-	-	-

Die Bonusförderung kann **zusätzlich** zur Basisförderung gewährt werden, wenn die Voraussetzungen für die Gewährung des Bonus erfüllt sind.

Regenerativer Kombinationsbonus und Effizienzbonus sowie Kesseltauschbonus und Effizienzbonus sind **nicht miteinander kombinierbar**. Der regenerative Kombinationsbonus wird nur einmal gewährt.

Effizienzbonus: Stufe 1: bei Baugenehmigung vor 1995 und EnEV-Standard oder Baugenehmigung nach 1994 und 30 % unter EnEV, Stufe 2: bei Baugenehmigung vor 1995 und 30 % unter EnEV oder Baugenehmigung nach 1994 und 45 % unter EnEV

Wärmepumpe: Der Zuschuss und die Maximalförderung werden pro Wohneinheit gewährt. Bei der Errichtung einer Wärmepumpe in Wohngebäuden mit mehr als zwei Wohneinheiten oder in Nichtwohn-gebäuden ist die Förderung auf 8% (bzw. 10% oder 15%) der nachgewiesenen Nettoinvestitionskosten für die Wärmepumpenanlage begrenzt.

© Rolf Disch

Solarsiedlung am Schlierberg (Baden-Württemberg).

KfW-CO_2-Gebäudesanierungsprogramm – Zuschussvariante

Wer erhält eine Förderung?

Antragsberechtigt sind natürliche Personen als Eigentümer von selbstgenutzten oder vermieteten Ein- und Zweifamilienhäuser sowie Eigentümer von selbstgenutzten oder vermieteten Eigentumswohnungen in Wohneigentumsgemeinschaften.

Was wird gefördert?

Das KfW-CO_2-Gebäudesanierungsprogramm ist Bestandteil des Nationalen Klimaschutzprogramms und dient der Förderung von Maßnahmen zur Energieeinsparung und zur Minderung des CO_2-Ausstoßes bei Wohngebäuden. Neben Wohngebäuden im engeren Sinne erhalten auch Wohnheime, Alten- und Pflegeheime Förderung.

Energetische Sanierung nach EnEV auf Neubau-Niveau oder besser

Es werden energetische Sanierungsmaßnahmen für Wohngebäude, die bis zum 31.12.1983 fertig gestellt wurden, gefördert. Dabei werden Maßnahmen wie zum Beispiel der Austausch der Fenster oder der Heizung, Dämmmaßnahmen sowie der Einbau von Lüftungsanlagen, die dazu beitragen, das Neubau-Niveau nach EnEV oder „EnEV minus 30 Prozent“ zu erreichen, berücksichtigt. Gefördert wird bei Ein- und Zweifamilienhäusern eine fachgerechte Baubegleitung zur Umsetzung der Sanierung.

Die Baubegleitung umfasst Detailplanungen, sofern Lüftungsanlagen oder Heizungen eingebaut werden, Unterstützung bei der Angebotsauswertung, mindestens eine Baustellenbegehung vor Ausführung der Putzarbeiten und Einweisung in die Haustechnik. Die Förderung erfolgt in Form eines Zuschusses in Höhe von zehn Prozent der förderfähigen Investitionskosten, maximal aber 5.000 Euro je Wohneinheit, wenn der Neubau-Wert für den Jahres-Primärenergiebedarf und den Transmissionswärmeverlust nach § 3 EnEV eingehalten wird. Die Förderung erfolgt als Zuschuss in Höhe von 17,5 Prozent der förderfähigen Investitionskosten, maximal 8.750 Euro je Wohneinheit, wenn die Werte nach § 3 EnEV um 30 Prozent unterschritten werden.

Außerdem gibt es einen Zuschuss für die Baubegleitung in Höhe von 50 Prozent der förderfähigen Beratungskosten, maximal 1.000 Euro pro Wohneinheit. Für Wohngebäude, die bis zum 31. Dezember 1994 fertig gestellt worden sind, werden folgende Maßnahmenpakete gefördert:

Maßnahmenpaket 0

- Wärmedämmung der Kellerdecke, von erdberührten Außenflächen beheizter Räume oder von Wänden zwischen beheizten und unbeheizten Räumen
- Austausch der Fenster
- Wärmedämmung der Außenwände
- Wärmedämmung des Daches oder der obersten Geschossdecke

Maßnahmenpaket 1

- Wärmedämmung der Außenwände
- Wärmedämmung des Daches oder der obersten Geschossdecke
- Austausch der Heizung

Maßnahmenpaket 2

- Wärmedämmung des Daches oder der obersten Geschossdecke
- Wärmedämmung der Kellerdecke, von erdberührten Außenflächen beheizter Räume oder von Wänden zwischen beheizten und unbeheizten Räumen

- Austausch der Fenster
- Austausch der Heizung

Maßnahmenpaket 3

- Wärmedämmung der Außenwände
- Austausch der Heizung
- Austausch der Fenster

Maßnahmenpaket 4

Es müssen mindestens drei von einem Sachverständigen, zum Beispiel einem Energieberater, empfohlene Maßnahmen aus der folgenden Aufzählung als Paket durchgeführt werden. Ausnahmen vom Umfang der Maßnahmen sind möglich. Ein Sachverständiger muss sie begründen.

Innerhalb der Maßnahmenpakete null bis vier müssen die technischen Mindestanforderungen der KfW erfüllt werden:

- Wärmedämmung des Daches oder der obersten Geschossdecke
- Wärmedämmung der Außenwände
- Wärmedämmung der Kellerdecke, von erdberührten Außenflächen beheizter Räume oder von Wänden zwischen beheizten und unbeheizten Räumen
- Einbau einer Lüftungsanlage
- Austausch der Heizung
- Austausch der Fenster

Für alle Maßnahmenpakete gilt grundsätzlich, dass bei Durchführung **alle** Außenwände, das gesamte Dach, die gesamte Kellerdecke, alle erdberührten Außenflächen oder alle Wände zwischen beheizten und unbeheizten Räumen zu dämmen und alle Fenster auszutauschen sind. Eine Ergänzung um Einzelmaßnahmen aus anderen Paketen ist möglich. Die Maßnahmenpakete eins bis vier werden mit einem Zuschuss in Höhe von 5 Prozent der förderfähigen Investitionskosten gefördert, maximal mit 2.500 Euro je Wohneinheit. Bei Wohnungseigentum bemessen sich die förderfähigen Investitionskosten für den Eigentümer nach der Höhe seines Mieteigentumsanteils.

Was kann kombiniert werden?

Das Förderprogramm ist **nicht** kumulierbar mit der Kreditvariante des KfW-CO_2-Gebäudesanierungsprogramms, dem KfW-Programm „Wohnraum modernisieren" oder anderen Förderkrediten des Bundes und der Länder. Bei energetischer Sanierung auf Neubau-Niveau ist eine Kumulierung mit anderen Zuschüssen möglich. Weitergehende Informationen finden Sie unter www.kfw-foerderbank.de.

Quelle: KfW Merkblatt „CO2-Gebäudesanierungsprogramm – Zuschuss", Bestellnummer 140191

KfW-CO_2-Gebäudesanierungsprogramm – Darlehensvariante

Wer erhält eine Förderung?

Antragsberechtigt sind natürliche Personen und juristische Personen als Eigentümer von selbstgenutzten oder vermieteten Wohngebäuden (zum Beispiel Privatpersonen, Wohnungsunternehmen oder -genossenschaften, Gemeinden, Kreise, Gemeindeverbände sowie sonstige Körperschaften und Anstalten des öffentlichen Rechts).

Was wird gefördert?

Das KfW-CO_2-Gebäudesanierungsprogramm ist Bestandteil des Nationalen Klimaschutzprogramms und dient der Förderung von Maßnahmen zur Energieeinsparung und zur Minderung des CO_2-Ausstoßes bei Wohngebäuden. Neben Wohngebäuden im engeren Sinne erhalten auch Wohnheime, Alten- und Pflegeheime Förderung.

Energetische Sanierung nach EnEV auf Neubau-Niveau oder besser

Gefördert werden energetische Sanierungsmaßnahmen für Wohngebäude, die bis zum 31. Dezember 1983 fertig gestellt wurden. Gefördert werden zum Beispiel der Austausch der Heizung oder der Fenster oder Dämmmaßnahmen sowie der Einbau von Lüftungsanlagen, die dazu beitragen, das Neubau-Niveau nach EnEV oder „EnEV minus 30 Prozent" zu erreichen. Eine fachgerechte Baubegleitung zur Umsetzung der Sanierung wird bei Ein- und Zweifamilienhäusern gefördert. Die Baubegleitung umfasst Detailplanungen, sofern Lüftungsanlagen oder Heizungen eingebaut werden, Unterstützung bei der Angebotsauswertung, mindestens eine Baustellenbegehung vor Ausführung der Putzarbeiten und Einweisung in die Haustechnik.

Die Förderung erfolgt

1. als Darlehen von bis zu 100 Prozent der Investitionskosten, maximal 50.000 Euro pro Wohneinheit;
2. als Tilgungszuschuss in Höhe von 5 Prozent des Darlehensbetrages, wenn der Neubauwert für den Jahres-Primärenergiebedarf und den Transmissionswärmeverlust nach § 3 EnEV eingehalten wird, als Tilgungszuschuss in Höhe von 12,5 Prozent des zugesagten Betrages, wenn die Werte nach § 3 EnEV um 30 Prozent unterschritten werden;
3. als Beratungs-Zuschuss für die Baubegleitung in Höhe von 50 Prozent der förderfähigen Beratungskosten, maximal aber 1.000 Euro pro Wohneinheit.

Für Wohngebäude, die bis zum 31. Dezember 1994 fertig gestellt worden sind, werden die gleichen Maßnahmenpakete 0 bis 4 wie bei der Zuschussvariante (S. 158) gefördert; auch die Voraussetzungen beim Maßnahmenpaket 4 sind gleich.

Die Förderung erfolgt als Darlehen von bis zu 100 Prozent der Investitionskosten einschließlich der Nebenkosten, zum Beispiel Energieberatung, Architekt.

Was kann kombiniert werden?

Eine Kumulierung ist möglich, wenn die Summe aus Krediten, Zuschüssen und Zulagen die Summe der Aufwendungen nicht übersteigt. Ausgeschlossen ist allerdings eine Kombination mit Mitteln aus dem CO_2-Gebäudesanierungsprogramm-(Zuschussvariante). Weitergehende Informationen finden Sie unter www.kfw-foerderbank.de.

Quelle: KfW Merkblatt „CO2-Gebäudesanierungsprogramm – Zuschuss“, Bestellnummer 140191

Wohnraum modernisieren lohnt sich

Wer erhält eine Förderung?

Gefördert werden alle Träger von Investitionen an selbstgenutzten und vermieteten Wohngebäuden. Eine Förderung von Contracting-Vorhaben ist möglich.

Was wird gefördert?

Die KfW fördert mit dem STANDARD-Programm Maßnahmen zur Modernisierung und Instandsetzung von Wohngebäuden im Rahmen des Programms „Wohnraum modernisieren“. Dazu zählen bauliche

Maßnahmen, Reparatur und Erneuerung, barrierefreies Wohnen, neue Fenster, neue Heizungstechnik durch Zentralheizungsanlagen auf Basis von Öl oder Gas (Brennwertkessel ohne Einsatz erneuerbarer Energien). Auch bei Mehrfamilienhäusern mit drei oder mehr Wohneinheiten gibt es für die Verbesserung des Wohnumfeldes Förderung. Darüber hinaus gibt es für ÖKO-PLUS-Maßnahmen (CO_2-Minderung) besonders günstige Zinssätze. Wenn Sie mehr als zwei Maßnahmen zur Energieeinsparung umsetzen wollen, ist das CO_2-Gebäudesanierungsprogramm oft die bessere Wahl.

Wie wird gefördert?

Die KfW fördert aus dem STANDARD-Programm heraus maximal 100.000 Euro pro Wohneinheit. ÖKO-PLUS wird bis maximal 50.000 Euro pro Einheit gefördert. Laufzeiten zwischen zehn und 30 Jahren sind möglich.

Wann wird beantragt?

Zuerst ist über die Hausbank der Antrag zu stellen, nach Bewilligung des Antrags wird investiert.

Für Photovoltaik gibt es Geld

Wer erhält eine Förderung?

Antragsberechtigt sind Privatpersonen, gemeinnützige und gewerbliche Antragsteller, Freiberufler und Landwirte. Im Rahmen einer GbR kann auch der Erwerb eines Anteils an einer Anlage mitfinanziert werden.

Was wird gefördert?

Die KfW fördert die Errichtung, die Erweiterung oder den Erwerb kleiner Photovoltaikanlagen.

Wie wird gefördert?

Die KfW fördert Photovoltaikanlagen bis maximal 50.000 Euro und stellt dafür bis zu 100 Prozent der Investitionskosten zur Verfügung. Das heißt: Ein Darlehen gibt es bis höchstens 50.000 Euro. Bei größeren Anlagen, die über 50.000 Euro kosten, muss die Differenz aus Eigenmitteln finanziert werden. Eine Kombination mit Fördermitteln anderer Anbieter ist möglich. Beträgt die Kreditlaufzeit zehn Jahre, wird mindestens ein tilgungsfreies Anlaufjahr höchstens aber zwei Jahre. Bei einer zwanzigjährigen Laufzeit gibt es maximal drei tilgungsfreie Anlaufjahre. Eine vorzeitige Tilgung ist möglich. Informationen zur Einspeisevergütung finden Sie im Kapitel „Gesetze und Verordnungen“ auf S. 172.

Wann wird beantragt?

Zuerst ist über die Hausbank oder eine Bausparkasse der Antrag zu stellen, nach Bewilligung wird investiert.

Ökologisch bauen zu guten Konditionen

Wer erhält eine Förderung?

Gefördert werden alle Träger von Investitionen an selbstgenutzten und vermieteten Wohngebäuden. Eine Förderung von Contracting-Vorhaben ist möglich.

Was wird gefördert?

Finanziert werden die Errichtung, Herstellung oder der Ersterwerb von KfW-Energiesparhäusern 40. Das heißt, der Jahres-Primärenergiebedarf liegt bei höchsten 40 kWh pro Quadratmeter Gebäudenutzfläche. Der spezifische Transmissionswärmeverlust liegt gleichzeitig um 45 Prozent unter dem in der EnEV angegebenen Höchstwert.

Finanziert wird die Errichtung, Herstellung oder der Ersterwerb von KfW-Energiesparhäusern 60. Bei dieser Variante liegt der Jahres-Primärenergiebedarf bei höchstens 60 kWh pro Quadratmeter Gebäudenutzfläche. Hier liegt der spezifische Transmissionswärmeverlust gleichzeitig um die 30 Prozent unter dem in der EnEV angegebenen Höchstwert.

Die dritte Gruppe der förderfähigen Gebäude sind die Passivhäuser. Der Jahres-Primärenergiebedarf liegt auch hier bei höchsten 40 kWh pro Quadratmeter Gebäudenutzfläche. Der Unterschied ist allerdings im zulässigen Jahresheizwärmebedarf, der höchsten bei 15 kWh pro Quadratmeter Wohnfläche liegen darf, zu finden.

Wie wird gefördert?

KfW-Energiesparhaus 40, KfW-Energiesparhaus 60 und Passivhaus werden mit maximal 50.000 Euro pro Wohneinheit gefördert. Bei der Heizungstechnik kann man bis zu 100 Prozent der Investitionskosten bzw. bis maximal 50.000 Euro erhalten. Die Laufzeiten liegen zwischen zehn und 30 Jahren. Die Mittel können in Teilbeträgen abgerufen werden oder vollständig bis zwölf Monate nach der Darlehenszusage. Die Mittel für das KfW-Energiesparhaus 40 und das Passivhaus müssen spätestens nach drei Monaten eingesetzt worden sein.

Wann wird beantragt?

Zuerst ist der Antrag zu stellen, erst nach Bewilligung wird investiert.

Gesetze und Verordnungen

Der Gesetzgeber hat verschiedene Verordnungen im Zusammenhang mit der Heizung und dem Wärmeschutz von Gebäuden erlassen. In Deutschland sind mehrere gesetzliche Verordnungen im Zusammenhang mit der Heizung einzuhalten. Die zwei wichtigsten stellen wir hier vor. Wesentlich sind das Bundesimmissionsschutzgesetz (BImSchG) und die Energieeinsparverordnung (EnEV). Das BImSchG aus dem Jahr 1974 wurde 1975 durch die erste Durchführungsverordnung zum Bundesimmissionsschutzgesetz ergänzt, die sogenannte 1. Bundesimmissionsschutzverordnung (1.BImSchV), die immer wieder novelliert wurde.

Das BImSchG und die EnEV

Die EnEV wurde am 21. November 2001 im Bundesgesetzblatt verkündet und trat am 1. Februar 2002 in Kraft. Der vollständige Name dieses Gesetzes lautet „Verordnung über energiesparenden Wärmeschutz und energiesparende Anlagentechnik bei Gebäuden“. Die EnEV verfolgt einen völlig neuen Ansatz, denn die Heizungsanlage eines Gebäudes und der Wärmeschutz desselben Gebäudes werden jetzt gemeinsam betrachtet. Darüber hinaus setzt die EnEV schon vor dem eigentlichen Energieverbrauch an und fragt nach, welche Energieart zum Beheizen des Hauses verwendet wird. Das ist eine elementare Neuerung. Vereinfacht ausgedrückt will die EnEV die Senkung des Heizenergiebedarfs, Unterstützung für den Einsatz von regenerativen Energien, Energieausweise für Neubauten und bei Eigentümer- oder Mieterwechsel bei Gebäuden im Bestand.

Die BImSchV hat trotz der EnEV noch Gültigkeit und muss befolgt werden. In ihr ist unter anderem geregelt, welche Rußzahl das Abgas von

Kleinfeuerungsanlagen haben darf. Sie regelt die Abgasverlustwerte und schreibt vor, dass keine Ölderivate im Abgas enthalten sein dürfen. Darüber hinaus besagt die Verordnung, dass einmal pro Jahr die meisten Heizungsanlagen vom Schornsteinfeger zu kontrollieren sind und Sie die Schornsteinfeger-Protokolle mindestens fünf Jahre aufbewahren müssen.

Eine nun folgende Übersicht der Abgasverlustgrenzwerte soll Ihnen einen Überblick verschaffen. Das schreibt § 11 der 1. BImSchV für Öl- und Gasfeuerungsanlagen vor: Für Anlagen mit einer Nennwärmeleistung von über vier bis 25 Kilowatt gilt: Die bei der Einstufungsmessung ermittelten Abgasverlustwerte dürfen elf Prozent nicht übersteigen. Für Anlagen mit einer Nennwärmeleistung von über 25 bis 50 Kilowatt dürfen zehn Prozent nicht überschritten werden. Bei Anlagen mit einer Nennwärmeleistung von über 50 Kilowatt sind neun Prozent die Höchstgrenze.

Die BImSchV ist ebenso wie die EnEV ein sehr komplexes und kompliziertes Regelwerk, das aber alle Haushalte einzuhalten haben. Aus diesem Grund ist die schriftliche Bestätigung des Schornsteinfegers, dass alle Forderungen komplett befolgt werden, so wichtig.

Bewohnen Sie ein Haus, das maximal zwei Wohneinheiten hat, schon seit der Zeit vor dem 1. Februar 2002, hat die EnEV keine große Bewandtnis für Sie. Sind Sie jedoch nach dem 1. Februar 2002 als Eigentümer in ein solches Haus eingezogen oder haben es gekauft, dann greift bei Ihnen die EnEV. In dieser Verordnung sind Werte für den Energieverbrauch und die Gebäudedämmung festgelegt, die bei Neubauten wie bei Gebäuden im Bestand eingehalten werden müssen. Die Rede ist in diesem Zusammenhang vom Jahresprimärenergiebedarf und vom Transmissionswärmeverlust eines Hauses. Bei Neubauten müssen diese Werte berücksichtigt werden. Planer sind zur Einhaltung der EnEV verpflichtet. Bestandsgebäude müssen zum Teil nachgerüstet werden. Bei Häusern mit maximal zwei Wohneinheiten, von denen der Besitzer eine selbst bewohnt, müssen die meisten energetischen Maßnahmen nur dann vorgenommen werden, wenn das Haus verkauft wird und der neue Eigentümer einzieht, und bei Einzug des neuen Eigentümers nach dem 1. Februar 2002.

Der Gesetzgeber unterscheidet bei den Nachrüstungen zwischen unbedingten und bedingten Forderungen. Die unbedingten Forderungen müssen durch den neuen Hausbesitzer auf jeden Fall erfüllt werden. Hier nun die unbedingten Forderungen im Einzelnen:

- Bei Eigentümerwechsel oder Neueinzug eines Eigentümers nach dem 1. Februar 2002 müssen ungedämmte, oberste Geschossdecken zwischen beheizten Wohnräumen und unbeheizten Dachräumen gedämmt werden, wenn diese Dachräume nicht begehbar, aber zugänglich sind (z. B. Kriechspeicher). Die Dämmung muss so erfolgen, dass ein festgelegter sogenannter Wärmedurchgangskoeffizient nicht überschritten wird. Diese Dämmung muss umgehend erfolgen.
- Heizkessel, die vor dem 1.10.1978 aufgestellt wurden und mit flüssigem oder gasförmigem Brennstoff betrieben werden (z. B. mit Erdöl oder Erdgas), müssen durch den neuen oder den neu einziehenden Eigentümer bis zum 31.12.2008 außer Betrieb genommen werden. Für diese Maßnahme gilt aber eine Übergangszeit von zwei Jahren ab Eigentumsübergang bzw. ab Selbstbezug.
- Von den neuen Besitzern bzw. Bewohnern muss ferner die Dämmung aller Warmwasserrohre und Armaturen, die frei liegen – also nicht in Wänden verlaufen – sofort vorgenommen werden. Die EnEV gewährt hierfür keine Frist und gibt genaue Dämmstärken vor. Sprechen Sie diesbezüglich Ihren Energieberater an.

- Soweit Zentralheizungen vorhanden sind, müssen diese mit selbsttätig wirkenden Einrichtungen zur Steuerung der Wärmezufuhr und zur Steuerung elektrischer Antriebe ausgestattet werden. Auch diese Maßnahme muss sofort, nach dem Eigentumsübergang erfolgen.
- Gleiches gilt für den Einbau von Thermostaten zur raumweiten Wärmeregulierung. Sind solche nicht vorhanden, müssen auch diese sofort nachgerüstet werden.

Die bedingten Forderungen lauten:

- Wird ein Gebäude in gewissem Umfang geändert, wird also beispielsweise eine Außenwanddämmung aufgebracht oder werden in größerem Umfang Fenster getauscht, müssen auch hierfür bestimmte Mindestwerte eingehalten werden. Diese können sich an den einzelnen Bauteilen orientieren, aber auch am Jahres-Primärenergiebedarf und am Transmissionswärmeverlust für Neubauten. Nachgerüstete Bestandsgebäude dürfen die für Neubauten vorgeschriebenen Grenzwerte um maximal 40 Prozent übersteigen. Werden Anbauten von mehr als 50 Quadratmetern vorgenommen, müssen diese jedoch die Werte von Neubauten einhalten.
- Die bestehende Dämmung eines Gebäudes darf nicht einfach verschlechtert werden. Dies könnte z. B. bei einem Gebäude der Fall sein, dessen Fachwerk freigelegt werden soll.
- Bei Auswechslung oder Einbau einer Heizungsanlage mit Wasser als Wärmeträger müssen folgende Regelungen beachtet werden: Umwälzpumpen in Zentralheizungen mit mehr als 25 Kilowatt Nennleistung müssen die elektrische Leistungsaufnahme dem Förderbedarf selbsttätig in mindestens drei Stufen anpassen können. Zirkulationspumpen müssen beim Einbau in Warmwasseranlagen mit selbsttätig wirkenden Einrichtungen zur Ein- und Ausschaltung ausgestattet sein. Beim Ersetzen von Warmwasserleitungen und Armaturen muss deren Wärmeabgabe begrenzt werden.

Sie werden sich jetzt vielleicht fragen: „Wer kontrolliert die Einhaltung dieser EnEV?“ Diese Verordnung und die konkreten behördlichen Zuständigkeiten und Kontrollmechanismen sind in allen Bundesländern geregelt, allerdings teilweise unterschiedlich. Was bundesweit einheitlich geregelt ist, ist der Energieausweis. Darüber hinaus sind im ganzen Bundesgebiet die Bezirksschornsteinfeger in der Regel verpflichtet, die Behörden über Verletzungen der Vorschriften zu informieren. Energieberater sind verpflichtet bzw. berechtigt, dem Bauherren schriftlich die nach EnEV durchgeführten Maßnahmen zu bestätigen. Bei der Komplexität der Materie schalten heute schon viele Immobilienbesitzer Energieberater ein. Denn diese sind die Experten, wenn es um energetische Effizienz unter Einhaltung aller gesetzlichen Bestimmungen geht.

Das Erneuerbare-Energien-Gesetz

Das Erneuerbare-Energien-Gesetz (EEG) regelt den vorrangigen Anschluss von Anlagen zur Erzeugung von Strom aus erneuerbaren Energien und aus Grubengas im Bundesgebiet an die Netze für die allgemeine Versorgung mit Elektrizität:

- die vorrangige Abnahme, Übertragung und Vergütung dieses Stroms durch die Netzbetreiber,
- den bundesweiten Ausgleich des abgenommenen und vergüteten Stroms.

Dieses Gesetz findet keine Anwendung auf Anlagen, die bis zum 31.06.2004 in Betrieb genommen worden sind und zu über 25 Prozent der Bundesrepublik Deutschland oder einem Land gehören.

Übersicht Einspeisevergütung Strom aus Photovoltaikanlagen:
Degression: 5 % jährlich ab 2005, bei Freiflächenanlagen: 6,5 % ab 2006
Degression: 8 % jährlich ab 2009, bei Freiflächenanlagen: 10 %
Degression: 9 % jährlich ab 2011, bei Freiflächenanlagen: 10 %

Jahr	bis 31.07.04	ab 1.08.04	2006	2007	2008	2009
Gebäude-anlagen	45,7 ct	57,4 ct	51,80 ct	49,21 ct	46,75 ct	43,01 ct
ab 30 kW	45,7 ct	54,6 ct	49,28 ct	46,82 ct	44,48 ct	40,92 ct
ab 100 kW	45,7 ct	54,0 ct	48,74 ct	46,30 ct	43,99 ct	39,59 ct
Fassaden-bonus		5,00	5,00 ct	5,00 ct	5,00 ct	
Freiland-anlagen	45,7 ct	45,7 ct	40,60 ct	37,96 ct	35,49 ct	31,94 ct

Das Kraft-Wärme-Kopplungs-Gesetz

Am 1. April 2002 trat das „Gesetz für die Erhaltung, die Modernisierung und den Ausbau der Kraft-Wärme-Kopplung" (KWK-Gesetz) in Kraft. Ziel des Gesetzes ist der „befristete Schutz und die Modernisierung von Kraft-Wärme-Kopplungsanlagen sowie der Ausbau der Stromerzeugung in kleinen KWK-Anlagen und die Markteinführung der Brennstoffzelle im Interesse der Energieeinsparung, des Umweltschutzes und der Erreichung der Klimaschutzziele der Bundesregierung". (§ 1 Abs. 1 KWKG). Durch die KWK-Nutzung sollen die jährlichen CO_2-Emissionen in Deutschland bis 2010 um mindestens 20 Millionen Tonnen gegenüber 1998 reduziert werden. Die Förderung bestehender Anlagen läuft bis 2010 aus. Die Novellierung zielt auf Neubau und Modernisierung von KWK-Anlagen ohne Größenbegrenzung. Das Ausbauziel liegt bei 25 Prozent KWK-Strom bis zum Jahr 2020. Die Zuschläge werden auf den gesamten erzeugten KWK-Strom gewährt. Bisher galt das nur für Strom, der ins öffentliche Netz eingespeist wurde.

Die Fördervoraussetzungen sind:

- Inbetriebnahme der Anlage zwischen dem 1. Januar 2009 und dem 31. Dezember 2016
- Sachverständigengutachten über die relevanten Eigenschaften der Anlage
- Hocheffizienz nach EU-KWK-Richtlinie, Nachweis wird durch Sachverständigen erbracht
- Bei serienmäßig hergestellten Anlagen bis zwei Megawatt genügen geeignete Unterlagen des Herstellers
- Bei Modernisierung muss die Höhe der Kosten mindestens 50 Prozent der Kosten einer Neuerrichtung betragen

Die Betreiber begünstigter Kraft-Wärme-Kopplungsanlagen erhalten bis zum Jahre 2010 Zuschusszahlungen bis zu einer Maximalsumme von 4,448 Milliarden Euro, wobei rund 358 Millionen Euro speziell für den Ausbau kleiner KWK-Anlagen bis zu einer Leistung von zwei Megawatt und Brennstoffzellen-Anlagen zur Verfügung stehen. Die Zuschlagszahlungen sind gestaffelt nach Anlagengröße, -alter und Kalenderjahr (siehe auch Kapitel Förderung).

Zuschlag zur Einspeisevergütung in Euro-Cent pro kWh, Angaben ohne Gewähr

Jahr	2002	2003	2004	2005	2006	2007	2008	2009	2010
neue **Bestandsanlagen** (zwischen dem 1. Januar 1990 und dem 1.04.02 in Betrieb genommen)	1,53	1,53	1,38	1,38	1,23	1,23	0,82	0,56	
neue BHKW-Anlagen über 50 kW_el, Inbetriebnahme zwischen dem 1.04.02 und dem 31.12.08	2,56	2,56	2,40	2,40	2,25	2,25	2,10	2,10	1,94
neue BHKW-Anlagen bis 50 kW_el, Inbetriebnahme zwischen dem **1.04.02 und dem 31.12.08**	**5,11 Ct/kWh für einen Zeitraum von 10 Jahre** ab Dauerbetriebsbeginn								

© Informationen zum Antrag unter http://www.bhkws.de/kwk-gesetz-antrag.htm

Unter das Gesetz fallen alle KWK-Anlagen auf Basis von fossilen Brennstoffen inklusive Abfall und Biomasse. KWK-Strom, der nach dem Erneuerbaren-Energien-Gesetz (EEG) vergütet wird, fällt nicht in den Anwendungsbereich des KWK-Gesetzes. Eine Doppelförderung wird somit ausgeschlossen.

Glossar

Betriebspunkt Das ist der Zustand der Wärmepumpe, bei dem die Leistungszahl gemessen wird (EN 14511). Bei einer Soletemperatur von 0 °C und einer Heizungsvorlauftemperatur von 35 °C spricht man von einem Betriebspunkt „BO/W35)

Bivalentes Heizungssystem Ein Heizungssystem, das aus zwei verschiedenen Energiequellen die Heizwärme produziert. Häufig wird eine regenerative Anlage mit einem konventionellen Spitzenlastkessel kombiniert.

Blendrahmen Der Blendrahmen ist der feststehende Teil des Fensterrahmens.

Blockheizkraftwerk (BHKW), auch Kraft-Wärme-Kopplung BHKWs liefern Strom und Wärme immer gleichzeitig. Daher muss grundsätzlich entschieden werden, ob das BHKW in einem bestimmten Objekt primär entsprechend dem Strom- oder dem Wärmebedarf gefahren werden soll. Man spricht von strom- bzw. wärmegeführtem Betrieb. Im Wohnungsbau werden BHKWs in der Regel wärmegeführt betrieben. Ein BHKW ist ein mit Erdgas, Diesel oder Rapsöl betriebener Motor, der einen Generator zur Stromerzeugung antreibt. Die im Motor, im Generator und im Abgas anfallende Wärme wird so weit wie möglich über Wärmetauscher zur Wärmeversorgung eines Hauses oder mehrerer Gebäude verwendet.

Brennwertheizung Im Brennwertkessel werden die Abgase über einen Wärmetauscher geleitet, dort wird der Wasserdampf, der aus dem Brennstoff verdampft, wieder zu Wasser verflüssigt. Die Energie aus dem Wärmetauscher wird der Heizung zugeführt.

Endenergie Dem Verbraucher unmittelbar zur Verfügung stehende Energie, Wie Heizöl, Erdgas, Fernwärme und Strom.

Energieträger Fossile Energieträger sind aus Biomasse entstandene Stoffe, die nicht verrottet sind, weshalb ihre chemische Energie erhalten geblieben ist. Dazu gehören Eröl, Erdgas und Kohle. Ihr Einsatz ist mit CO_2-Belastungen verbunden. Energiequellen werden auch als Energieträger bezeichnet (Geothermie, Solarenergie u. a.)

Flügelrahmen So heißt der bewegliche Teil des Fensters.

Heizlast Die Heizlast ist jene Heizleistung, die einem Raum ständig zugeführt werden muss, um eine Temperatur im Raum von z. B. 20 °C konstant zu halten. Sie muss demnach genauso groß sein wie die Summe der Wärmeverluste aus Wärmeleitung (Transmissionswärmebedarf) und Lüftung (Lüftungswärmebedarf). Die rechnerische Grundlage ist die DIN EN 12831.

Heizwärmebedarf Der Heizwärmebedarf wird in Kilowattstunden pro Quadratmeter und Jahr (kWh/m²a) gemessen. Es handelt sich dabei um die Wärmemenge, die in der Heizperiode aufgebracht werden muss, um eine angenehme Innentemperatur zu erzeugen. Der Heizwärmebedarf wird zur Beurteilung des Energieverbrauchs einer Immobilie herangezogen.

Heizwert H (kJ/kg, Kilojoule pro Kilogramm, kWh/kg, Kilowattstunde pro Kilogramm) Der Heizwert gibt die Wärmemenge Q an, die bei der Verbrennung einer bestimmten Masse eines Brennstoffes frei wird.

Hybridsystem Energieversorgungssystem, das von zwei oder mehr verschiedenen Energiequellen gespeist wird. Der Vorteil liegt in einer höheren Versorgungssicherheit.

Jahresarbeitszahl Sie ist bei der Wärmepumpe das Verhältnis der jährlich abgegebenen Nutzwärme zur gesamten aufgenommenen elektrischen Jahresarbeit einschließlich Hilfsenergie (also inklusive Strom für Sole- und Heizungspumpen). Diese Zahl ist quasi das Ergebnis einer Hochrechnung auf das ganze Jahr auf Basis der ermittelten Leistungszahl. Je größer sie ist, desto mehr Wärme für Heizung und Warmwasser lässt sich bei gleichem Stromverbrauch nutzen.

Kilowattstunde Die Kilowattstunde (kWh) ist eine Energieeinheit. 1 kWh ist die Energie, die eine Maschine mit einer Leistung von 1000 Watt in 1 Stunde aufnimmt oder abgibt. Ein Liter Heizöl oder ein Kubikmeter Erdgas hat zum Beispiel einen Energiegehalt von etwa 10 kWh.

Leistungszahl Anhaltspunkt für Wirkungsgrad einer Wärmepumpe. Bezeichnet das Verhältnis der über den Verdichter zugeführten Energie zur der am Verflüssiger abgegebenen Heizwärmeleistung.

Luftdichtigkeit Die Luftdichtigkeit der Gebäudehülle ist bei Gebäuden mit einer kontrollierten Lüftung speziell für die Wirksamkeit der Wärmerückgewinnung maßgeblich. Die Dichtigkeit eines Gebäudes lässt sich mit dem Blower-Door-Test (Drucktest) überprüfen.

Luftwechselzahl Diese Zahl gibt an, wie oft das gesamte Luftvolumen eines Raumes bzw. Gebäudes pro Stunde ausgetauscht wird. Ein üblicher Wert ist 0.4 1/h.

Nachwachsende Rohstoffe Damit sind Rohstoffe aus der Natur gemeint, die langfristig zur Verfügung stehen. In der Regel sind es land- und forstwirtschaftliche erzeugte Rohstoffe wie Holz, Hanf, Raps u. a.; die immer wieder neu gesät oder gepflanzt werden.

Nutzenergie Nutzenergie ist jene Energie, die die gewünschte Energiedienstleistung, z. B. Raumwärme, bereitstellt. Die Nutzenergie berücksichtigt nicht die Verluste durch die Bereitstellung.

Ökologische Dämmstoffe Ökologische oder organische Dämmstoffe (z. B. Hanf, Flachs, Korkschrot oder Zellulose) sind wiederverwertbar oder kompostierbar. Organische Stoffe haben die Eigenschaft, Feuchtigkeit gut aufzunehmen und wieder abzugeben. Daher eignen sie sich für diffusionsoffene Konstruktionen. Sie besitzen eine sehr hohe Wärmespeicherfähigkeit und sorgen für Schallschutz.

Passivhaus Nach der Definition des Passivhaus Instituts Darmstadt darf der Heizwärmebedarf 15 kWh/m²a nicht überschreiten. Die Heizlast darf nicht über 10 W/m² gehen, die Luftdichtigkeit nicht über 0,60/h und der Primärenergiebedarf nicht über 120 kWh/m²a.

Photovoltaik Unmittelbare Umwandlung von Sonnenstrahlung in elektrische Energie durch Halbleiter (Solarzellen).

Primärenergiebedarf Berücksichtigt den gesamten Energieaufwand für Heizung und Warmwasser, das heißt alle Anwendungen an nicht erneuerbaren Energien, die zur Gewinnung, Verarbeitung und Transport der Energie erforderlich werden. Beim Passivhaus wird auch der Haushaltsstrom berücksichtigt.

Pufferspeicher Der Pufferspeicher nimmt stehendes Wasser als Wärmespeicher für die Heizung oder die Solaranlage auf. Die vom Heizkessel oder der Solaranlage erzeugte Wärme wird über Wärmetauscher in den Speicher eingebracht und kann über weitere Wärmetauscher wieder entnommen werden. Pfufferspeicher sollten hoch und schmal sein, damit eine gute Schichtung des Wassers möglich ist.

Rußzahl Ruß ist die Folge unvollständiger Verbrennung. Die Rußzahl wird bei Öl-Heizkesseln nach der Kleinfeuerungsanlagenverordnung ermittelt und darf einen bestimmten Grenzwert nicht überschreiten. Die Bestimmung der Rußzahl wird nach einem normativen Verfahren (DIN 51402) durch visuellen Vergleich durchgeführt. Es sind drei Einzelmessungen vorzunehmen, aus denen der arithmetische Mittelwert zu bilden ist.

Solarmodul Solarmodule (PV-Module) wandeln das Licht der Sonne in elektrische Energie um. Sie werden in Photovoltaikanlagen eingesetzt. Ein Modul besteht aus mehreren hintereinander angeschlossenen Solarzellen. Diese liegen in der Regel zwischen Glas- und Kunststoffscheiben, damit sie vor Witterungseinflüssen geschützt sind. Die Leistungsgarantien der Hersteller für die Module betragen 20 bis 25 Jahre.

Sonnenkollektor Sonnenkollektoren sind Energiewandler. Einfallende Sonnenenergie wird in thermische Energie umgewandelt, die ein Wärmeträger aufnimmt. Ein Flachkollektor etwa besteht aus einem Absorber zur Nutzwärmeabgabe, einer Wärmedämmung und einem Gehäuse mit transparenter Abdeckung, in dem alle Elemente untergebracht sind. Er wird geneigt aufgestellt, damit direktes und diffuses Sonnenlicht auf den Absorber trifft. Der Absorber wird von einem Wärmeträgermedium – Wasser oder Luft – durchströmt. Es wird dabei erwärmt und zur Warmwassererzeugung in den Speicher geführt.

Spitzenleistung Maximalleistung eines Energiewandlers. Bei Standardbedingungen z. B. kann eine Solarzelle von 100 cm^2 Fläche eine Spitzenleistung von 1 Watt produzieren, wenn eine Globalstrahlung in der Stärke 1000 Watt/m^2 und eine Umgebungstemperatur von 25 °C erreicht wird.

Stromkennzahl Anhaltspunkt für den Wirkungsgrad eines Blockheizkraftwerks. Bezeichnet das Verhältnis von elektrischer Leistung zur Nutzwärmebereitstellung.

Stromstärke (A, Ampere) Die elektrische Stromstärke ist eine physikalische Basisgröße.

Temperatur (°C, Grad Celsius; K, Kelvin) Die Temperatur ist eine physikalische Basiseinheit. (0 °C = 273,15 K; die Einheiten K und °C sind gleich.)

U-Wert Der Wärmedurchgangskoeffizient (U-Wert) gibt an, wie viel Wärme unter bestimmten Bedingungen durch ein Bauteil fließt. Er zeigt z. B., wie viel Energie in Watt pro Quadratmeter Dämmstoff bei einem Kelvin Temperaturdifferenz zwischen drinnen und draußen entweichen kann. Je niedriger der U-Wert, desto weniger Wärme geht verloren.

Wärmebrücke Als Wärmebrücke wird die Schwachstelle eines Baus bezeichnet, an der die Wärmeverluste deutlich größer sind als in den angrenzenden Bereichen.

Wärmepumpe Wärmepumpen arbeiten prinzipiell wie Kühlschränke, allerdings mit umgekehrter Wirkungsweise. Einer natürlichen Wärmequelle (Wasser, Erdreich oder Luft) wird Wärme entzogen und für den Heizbetrieb genutzt. Als Arbeitsmedium befindet sich eine FCKW-freie Flüssigkeit mit sehr niedrigem Siedepunkt in einem geschlossenen Kreislauf der Wärmepumpe. Bei niedrigen Temperaturen verdampft diese Flüssigkeit und nimmt dabei Wärme auf. Durch die Kompression des Verdichters wird das Temperaturniveau des Dampfs weiter erhöht, der in den Verflüssiger gelangt. Ein Wärmetauscher gibt die Wärme des Dampfs an das Heizmedium ab. Dabei wird der Dampf verflüssigt. Ein Entspannungsventil baut den Druck weiter ab, das abgekühlte Kältemittel wird vollständig verflüssigt und dem Verdampfer zugeführt. Der Kreislauf beginnt von vorne.

Wärmerückgewinnung Damit wird die Nutzbarmachung von sogenannter Abwärme (Abluft oder Abwasser) bezeichnet.

Wärmetauscher Der Wärmetauscher ist ein Apparat, der Wärme bzw. thermische Energie von einem Stoffstrom auf einen anderen überträgt. Das Medium kann flüssig oder gasförmig sein. Wärmetauscher werden in Systemen zur kontrollierten Raumlüftung eingesetzt.

Wärmeverlust Durch Außenwände, Fenster, Dach und Lüftung geht Wärme verloren. Die Höhe des Verlustes hängt von der Gebäudegeometrie, der Luftdichtigkeit des Gebäudes, der Wärmedurchlässigkeit der Außenwände und Dachs sowie dem Abgasverlust der Heizung ab.

Wirkungsgrad Der Wirkungsgrad ist das Verhältnis von abgegebener zu aufgenommener Leistung bei der Umwandlung von Energie.

Adressen

ASUE Arbeitsgemeinschaft
für sparsame und Umweltfreundliche
Energieverbraucher e.V.
Bismarckstr. 16
67655 Kaiserslautern
Tel.: 0631 3609070
www.asue.de

BEE Bundesverband
Erneuerbare Energie e.V.
Teciweg 6, 33100 Paderborn
Tel.: 05252 939800
info@bee-ev.de
www.bee-ev.de

BINE Informationsdienst
Kaiserstr. 185–197, 53113 Bonn
Tel.: 0228 92379-0
bine@fiz-karlsruhe.de
www.bine.info.de

Bund der Energieverbraucher e.V.
Frankfurter Str. 17, 53572 Unkel
Tel.: 02224 9227-0
info@energieverbraucher.de
www.energieverbraucher.de

Bundesamt für Wirtschaft
und Ausfuhrkontrolle (BAFA)
Postfach 5160, 65726 Eschborn
Tel.: 06196 908-0
www.bafa.de

Bundesarchitektenkammer
Askanischer Platz 4, 10963 Berlin
Tel.: 030 2639440
www.bak.de

Bundesverband des Schorn-
steinfegerhandwerks
Zentralinnungsverband (ZIV)
Westerwaldstr. 6
53757 Sankt Augustin
Tel.: 02241 3407-0
www.schornsteinfeger.de

Bundesverband Flächenheizungen
und Flächenkühlungen e.V.
Hochstr. 113, 58095 Hagen
Tel.: 0231 200850
info@flaechenheizung.de
www.flaechenheizung.de

Bundesverband
Kraft-Wärmekopplung e.V.
Alt-Tegel 16, 13507 Berlin
Tel.: 030 43607910
info@bkwk.de
www.bkwk.de

Bundesverband Solarwirtschaft
(BSW-Solar) e.V.
EnergieForum
Stralauer Platz 34, 10243 Berlin
Tel.: 030 2977788-0
info@bsw-solar.de
www.solarwirtschaft.de

Bundesverband Verbraucherzentrale
Markgrafenstr. 66, 10969 Berlin
Tel.: 030 2580-00
www.vzbv.de

Bundesverband WärmePumpe (BWP) e.V.
Charlottenstr. 24
Tuteur-Haus
10117 Berlin
Tel.: 030 20833355
info@waermepumpe.de
www.waermepumpe.de

Bundesverband WärmePumpe e.V.
Elisabethstr. 34, 80796 München
Tel.: 089 2713021
info@waermepumpe-bwp.de
www.waermepumpe-bwp.de

Centrales Agrar-Rohstoff-
Marketing- und Entwicklungs-
Netzwerk e.V.
Schulgasse 18, 94315 Straubing
Tel.: 09421 960-300
contact@carmen-ev.de
www-carmen-ev.de

Deutsche Energie-Agentur
GmbH (dena)
Chausseestr. 128a, 10115 Berlin
Tel.: 030 726165-600
info@dena.de
www.dena.de
www.thema-energie.de

Deutscher Energie-Pellet-Verband e.V.
Tullastr. 18, 68161 Mannheim
Tel.: 0621 72875-23
www.depv.de

Deutsches Energieberater-
Netzwerk (DEN) e.V.
Franziusstr. 8–14
60314 Frankfurt/Main
Tel.: 0180 500 15 60
(14 Cent/Min.)
info@Deutsches-
energieberaternetzwerk.de
www.den-ev.de

ER.GO Energiekonzepte für die Zukunft
Auf dem Niederberg 25
61118 Bad Vilbel
Tel.: 06101 81 38 91
info@ergo-energiekonzepte.de
www.ergo-energiekonzepte.de

Europäisches Testzentrum
für Wohnungslüftungsgeräte e.V.
Ernst-Mehling-Str. 4a, 44141 Dortmund
Tel.: 0231 53477-0
info@tzwl.de
www.tzwl.de

EUROSOLAR e.V.
Europäische Vereinigung
für Erneuerbare Energien
Kaiser-Friedrich-Str. 11, 53113 Bonn
Tel.: 0228 362373
www.eurosolar.de

Fachverband Transparente
Wärmedämmung e.V.
Ginsterweg 9, 79194 Gundelfingen
Tel.: 0761 581441
www.umwelt-wand.de

Fachverband Wärmedämm-
verbundsysteme e.V.
Hofplatz 1, 18276 Gülzow
Tel.: 03843 6930-0
info@fnr.de
www.fnr.de

fe.bis GmbH & Co.KG
Franziusstr. 8–14, 60314 Frankfurt/Main
Tel.: 069 9043679-0
info@fe-bis.de
www.foerderdata.de

IG Passivhaus – Passivhaus Institut
Rheinstr. 44/46, 64283 Darmstadt
Tel.: 06151-82699-33
info@ig-passivhaus.de
www.ig-passivhaus.de

Informationszentrum Wärmepumpen
und Kältetechnik e.V.
Welfengarten 1A, 30167 Hannover
Tel.: 0511 167475-12
email@izw-online.de
www.izw-online.de

Institut für Fenstertechnik e.V.
Theodor-Gietl-Str. 7–9
83026 Rosenheim
Tel.: 08031 261-0
info@ift-rosenheim.de
www.ift-rosenheim.de

Institut Wohnen und Umwelt GmbH
Annastr. 15, 64285 Darmstadt
Tel.: 06151 2904-0
info@iwu.de
www.iwu.de

Kreditanstalt für Wiederaufbau (KfW)
Palmengartenstr. 5–9
60325 Frankfurt/Main
Tel.: 069 7431-0
info@kfw.de
www.kfw.de

Öko-Institut e.V.
Postfach 50 02 40, 79028 Freiburg
Tel.: 0761 45295-0
info@oeko.de
www.oeko-institut.de

pr:rat:neimke
Gabriele Neimke
Auf dem Niederberg 25
61118 Bad Vilbel
Tel.: 06101 5585415
office@pr-rat.com
www.pr-rat.com

Solarcontact GmbH
Lister Meile 74, 30161 Hannover
Tel.: 0511 8076262
info@solarcontact.com
www.solarcontact.com

Verband der Elektrizitäts-
wirtschaft VDEW e.V.
Robert-Koch-Platz 4, 10115 Berlin
Tel.. 030 726147-0
info@strom.de
www.vdew.de

Verband der Fenster-
und Fassadenhersteller e.V.
Walter-Kolb-Str. 1–7
60594 Frankfurt/Main
Tel.: 069 955054-0
vff@window.de
www.window.de

Vereinigung der deutschen
Zentralheizungswirtschaft e.V.
Josef-Wirmer-Str. 1–3, 53123 Bonn
Tel.: 0228 68848-0
info@vdzev.de
www.vdzev.de

Wuppertal-Institut für Klima,
Umwelt und Energie GmbH
Döppersberg 19, 42103 Wuppertal
Tel.: 0202 2492-0
info@wupperinst.de
www.wupperinst.org

Zentralverband
Sanitär Heizung Klima
Rathausallee 6, 53757 Sankt Augustin
Tel.: 02241 92990
www.shk-portal.de

Danksagung

Wir bedanken uns bei: Peter Ackermann-Rost, Corinna Agrusow, Johannes Albrecht, Ruth Bastuck, Ernst Böttcher, Detlef Broghammer, Rolf Canters, Volker Drusche, Frank Istel, Martin Kutschka, Patrick Marczona, Martina Molih, Frank Mühlhause, Brahimi Naim, Alexandra Nikoley, Hans Nothofer, Theodor Pauly, Stefan Reinhardt, Markus Schaefer, Christine Schneider, Mattias Scholz, Verena Staack, Diethard Stamm, Oliver Völksch und Philipp Neimke.